高等职业教育
自动化类专业系列教材

电机与电气控制技术

山长军　王海浩　主　编
付　亮　黄洋洋　副主编
高兴泉　主　审

化学工业出版社
·北京·

内容简介

本书依据教育部颁布的国家高等职业学校自动化类和机电设备类相关专业教学标准中对本课程的要求，结合中级维修电工国家职业资格证书考试相关知识与技能要求编写而成，融入了新技术、新元件、新规范。本书分为两篇，第一篇为基础篇，包括常用低压电器、常用电动机和电动机基本控制电路；第二篇为项目篇，包括典型机床电气控制和电动机PLC控制。

本书以培养高素质技术技能人才为目标，将岗课赛证有机地融合，突出了工程实践能力的培养。内容选取紧紧围绕企业电气控制类岗位典型工作任务，突出实用性，强调实践性。实践项目除注重电工传统的基本技术技能训练外，还突出新技术的学习和训练，让学生在学习理论知识的基础上，通过实践操作学会电动机控制方法和电气维修技能。本书配有部分视频与动画，可扫描书中相应二维码观看或下载。本书配套电子课件，可登录化工教育网站免费下载使用。

本书可作为职业院校自动化类和机电设备类专业电气控制类课程的教学用书，也可作为企业电气控制类岗位职工培训和工程技术人员学习的参考用书。

图书在版编目（CIP）数据

电机与电气控制技术 / 山长军，王海浩主编． 北京：化学工业出版社，2025.2．--（高等职业教育自动化类专业系列教材）．-- ISBN 978-7-122-47020-1

Ⅰ．TM3；TM921.5

中国国家版本馆CIP数据核字第2025NE1538号

责任编辑：葛瑞祎　　　　　　　　　　文字编辑：宋　旋
责任校对：宋　夏　　　　　　　　　　装帧设计：张　辉

出版发行：化学工业出版社
　　　　　（北京市东城区青年湖南街13号　邮政编码100011）
印　　装：三河市航远印刷有限公司
787mm×1092mm　1/16　印张15　字数373千字
2025年3月北京第1版第1次印刷

购书咨询：010-64518888　　　　　售后服务：010-64518899
网　　址：http://www.cip.com.cn
凡购买本书，如有缺损质量问题，本社销售中心负责调换。

定　　价：48.00元　　　　　　　　　　　　　　　　版权所有　违者必究

前言

装备制造业是国民经济的重要基础产业,随着新知识、新技术和新材料的发展,现代化电气设备在企业中广泛应用,工业生产的自动化程度越来越高,国内很多装备制造企业已经进入智能制造阶段,企业对电气控制类人才有着极大的需求。虽然电气控制类岗位繁多,在不同的电气岗位中,职责又不尽相同,但在工作中都要涉及电器、电机、电路等电气设备的相关工作,都需要掌握电气控制方面的知识与技能,本书正是本着"宽基础、厚技能"这一目的编写的。

本书以电气控制类岗位典型工作任务为导向,以专业技术技能为核心,以德技双修为主线,遵循理论知识与实际需求相结合,突出工程实践能力培养,强化实际应用,使学生通过本课程的学习,能够掌握适度够用的电机与电气控制基础知识,具备电气控制系统设计、安装、调试、故障诊断与维修等方面的技术技能。

本书内容分为两篇。第一篇为基础篇,包括三个章节:第一章介绍电气控制线路中常用低压电器的结构、工作原理、功能、型号和选用等知识;第二章介绍电气控制线路的主要控制对象——常用电动机的结构、工作原理、技术参数和控制方式等知识;第三章介绍电动机基本控制电路的组成、工作原理、保护环节和应用场合等知识。第二篇为项目篇,包括两个项目:项目一为典型机床电气控制,引导学生完成四个典型机床电气控制线路安装、调试、故障诊断与维修的实操训练;项目二为电动机PLC控制,以西门子S7-200 PLC为例,引导学生完成电动机PLC典型控制电路设计、接线、编程、运行与调试的实操训练。

本书由山长军和王海浩担任主编,付亮和黄洋洋担任副主编,由高兴泉担任主审。具体分工如下:黄洋洋负责编写第一章,付亮负责编写第二章,山长军负责编写第三章和项目一,王海浩负责编写项目二,参与本书编写和教学资源建设的还有计顺强和张杰。全书由山长军负责统稿。本书配套有电子课件和微课等资源,有需要的读者可通过化工教育网站(www.cipedu.com.cn)下载,或通过下面意见反馈邮箱向编者索取。

由于编者水平有限,书中难免存在不妥之处,敬请广大读者提出宝贵意见,意见反馈邮箱:scjjl@126.com。

编者

目 录

第一篇　基础篇

第一章　常用低压电器 ·· 2
- 第一节　低压电器概述 ·· 3
- 第二节　保护电器 ·· 7
- 第三节　低压开关 ·· 13
- 第四节　主令电器 ·· 21
- 第五节　执行电器 ·· 30
- 第六节　接触器 ·· 33
- 第七节　继电器 ·· 38
- 章节测试 ··· 47

第二章　常用电动机 ·· 48
- 第一节　直流电机 ·· 49
- 第二节　三相异步电动机 ·· 60
- 第三节　单相异步电动机 ·· 75
- 第四节　伺服电动机 ·· 82
- 第五节　步进电动机 ·· 87
- 章节测试 ··· 93

第三章　电动机基本控制电路 ··· 94
- 第一节　电动机手动直接启动控制电路 ··· 95
- 第二节　电动机单向运行控制电路 ·· 97
- 第三节　电动机正反转控制电路 ··· 100
- 第四节　电动机星角降压启动控制电路 ··· 103
- 第五节　电动机制动控制电路 ··· 106
- 第六节　双速电动机控制电路 ··· 109
- 第七节　电动机其他典型控制电路 ·· 112
- 章节测试 ··· 119

第二篇　项目篇

项目一　典型机床电气控制 ··· 121
任务一　机床电气图的识读与绘制 ································· 121
任务二　机床电气故障的诊断与检修 ································ 127
任务三　CA6140 型车床电气控制 ································· 135
任务四　Z3050 型摇臂钻床电气控制 ······························ 144
任务五　M7120 型平面磨床电气控制 ······························ 154
任务六　X62W 型卧式万能铣床电气控制 ·························· 163
项目测试 ·· 176

项目二　电动机 PLC 控制 ··· 178
任务一　西门子 S7-200 PLC 认知 ································ 178
任务二　电动机单向运行 PLC 控制 ································ 194
任务三　电动机正反转运行 PLC 控制 ······························ 205
任务四　电动机星角降压启动 PLC 控制 ···························· 211
任务五　电动机间歇运行 PLC 控制 ································ 219
任务六　电动机顺序启动 PLC 控制 ································ 226
项目测试 ·· 232

参考文献 ·· 233

电机与电气控制技术

第一篇　基础篇

第一章　常用低压电器
第二章　常用电动机
第三章　电动机基本控制电路

第一章
常用低压电器

电机与电气控制技术

低压电器是供配电系统和电力拖动系统的基本组成元件，常见的低压电器有低压开关、熔断器、主令电器、接触器和继电器等。进行电气设备控制系统线路安装时，电源和负载之间用低压电器通过导线连接起来，可以实现负载的接通、切断、保护等控制功能。低压电器的选用决定着电气控制系统性能的好坏，作为电气技术人员，必须掌握常用低压电器的结构、工作原理、用途及图形符号和文字符号，并能正确识别、检测和选用。

 学习目标

1. 了解低压电器的概念、种类及常用的灭弧方法。
2. 了解常用低压电器的结构、工作原理及型号规格。
3. 掌握常用低压电器的用途、主要参数及选用原则。
4. 能正确识读与绘制常用低压电器的图形符号和文字符号。
5. 能正确识别、检测和选用常用的低压电器。

 知识图谱

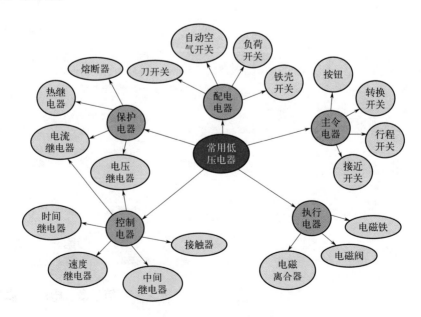

第一节　低压电器概述

低压电器广泛应用于工业、农业、交通、国防以及人们的日常生活中，只要是电气设备，就需要控制电器才能够正常工作，一些功能复杂的电气设备往往需要多种控制电器的协调工作才能完成其功能。低压电器种类繁多、功能各异，本节主要介绍低压电器的基本知识。

一、低压电器的定义

1. 电器

电器指根据外界施加的信号和要求，能手动或自动接通和分断电路，或对电路参数进行变换，以实现对电路或非电对象的切换、控制、保护、检测和调节等作用的电工装置、设备和元件。

2. 低压电器

低压电器指用于交流额定电压 1200V 及以下或直流额定电压 1500V 及以下的电路中，起通断、保护、控制或调节作用的电器。

二、低压电器的分类

低压电器种类繁多，可按其用途、操作方式、执行机构等进行分类。

1. 按用途分类

（1）配电电器　用于供电系统中进行电能的输送和分配的电器，如隔离开关、刀开关和低压断路器等。

（2）控制电器　用来控制电路和控制系统的电器，如接触器、继电器、启动器和各种控制器等。

（3）主令电器　用来发送控制指令的电器，如按钮、主令开关、行程开关和万能转换开关等。

（4）保护电器　用来保护电路和各种电气设备的电器，如熔断器、热继电器、电压继电器和电流继电器等。

（5）执行电器　用来完成既定的动作或传递能量的电器，如电磁铁、电磁离合器和电磁阀等。

2. 按操作方式分类

（1）自动电器　依靠外来信号或本身的参数变化自动完成接通、分断电路任务的电器，如接触器、热继电器、熔断器等。

(2) 手动电器　依靠外力（如人工）直接操作才能完成任务的电器，如按钮、刀开关和转换（组合）开关等。

3. 按执行机构分类

(1) 电磁式电器　利用电磁铁吸力及弹簧反作用力配合动作，使触头接通或分断来通断电路的电器，如接触器、电流继电器、电压继电器等。

(2) 非电量控制电器　靠外力或非电物理量的变化而动作的电器，如刀开关、行程开关、按钮、速度继电器、压力继电器和温度继电器等。

三、低压电器的电弧问题

1. 电弧的产生

电弧是一种气体放电现象，由于触点本身及触点周围的介质中含有大量可被游离的电子，当分断的触点之间存在足够大的外施电压的条件时，这些电子就被强烈电离而产生电弧。

2. 电弧的危害

① 电弧延长了电路开断的时间，在开关分断短路电流时，使短路电流危害的时间延长，可能对电气设备造成更大的损坏。

② 电弧产生的高温，将使触点表面熔化和气化，烧毁绝缘材料、电气设备和导线电缆，甚至可能引起火灾和爆炸事故。

③ 电弧在电动力、热力作用下能移动，易造成飞弧短路和伤人，使事故扩大。

3. 常用的灭弧方法

(1) 速拉灭弧法　迅速拉长电弧，增加散热面积，同时降低电场强度，使自由电子和空穴复合的运动加强，从而加快电弧的熄灭。

(2) 冷却灭弧法　使电弧与冷却介质接触，降低电弧的温度，可使电弧中的高温游离减弱，正负离子的复合增强，有助于加速电弧的熄灭。

(3) 吹弧灭弧法　如图1-1-1（a）、（b）、（c）所示，利用外力（如气流、油流或电磁力）来吹动电弧，使电弧加快冷却，同时拉长电弧，从而加速电弧的熄灭。

(4) 长弧切短灭弧法　如图1-1-1（d）、（e）所示，利用若干金属片（栅片）将长弧切割成若干短弧，电弧的电压降减小，当外施电压小于电弧上的电压降时，电弧就不能维持而迅速熄灭。

(5) 粗弧分细灭弧法　将粗大的电弧分成若干平行的细小电弧，使电弧与周围介质的接触面增大，改善电弧的散热条件，降低电弧的温度，从而使电弧加速熄灭。

(6) 狭沟灭弧法　使电弧在固体介质所形成的狭沟中燃烧，改善了电弧的冷却条件，同时由于电弧与固体表面接触，其带电质点的复合大大增强，从而加速电弧的熄灭。

(7) 真空灭弧法　真空具有较高的绝缘强度，如果将开关触点装在真空容器内，则在触点分断期间产生的电弧一般较小，且在电流第一次过零时就能熄灭电弧。

（8）六氟化硫（SF_6）灭弧法　SF_6气体具有优良的绝缘性能，其绝缘强度约为空气的3倍，可以大大提高开关的断路容量和缩短灭弧时间。

在现代的开关电器中，常常根据具体情况综合地采用上述某几种灭弧方法来达到迅速灭弧的目的。

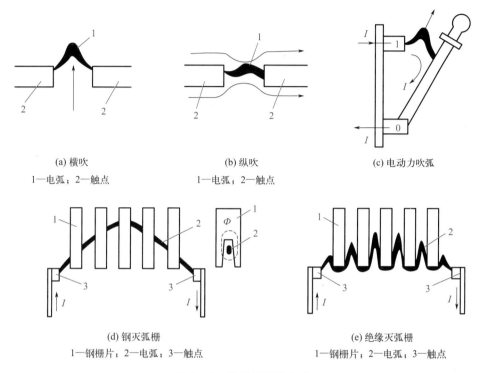

图 1-1-1　常用的灭弧方式

四、低压电器的触点系统

开关电器触点是极其重要的部件，主要作用是接通或分断电路，开关电器工作的可靠程度与触点的结构和材料有着密切的关系。

1. 触点的类型

按结构和工作特点，可将触点分为桥式触点和指式触点两种。按电接触类型，可将触点分为点接触型、面接触型和线接触型三种。

（1）点接触型　如图 1-1-2（a）所示，两个导体相互接触处为点状的电接触，它一般由一个半球形触点与另一个半球形触点（或一个平面形触点）构成，这种触点单位面积上承受的压力较大，适用于小电流的低压电器。

（2）面接触型　如图 1-1-2（b）所示，两个导电体互相接触处为面状的电接触，这种触点一般在接触表面镶有合金，以提高触点的耐磨性，适用于电流较大的场合。

（3）线接触型　如图 1-1-2（c）所示，两个导电体互相接触处为线状的电接触，这种触点常做成指式结构，适用于通断频繁、电流大的场合。

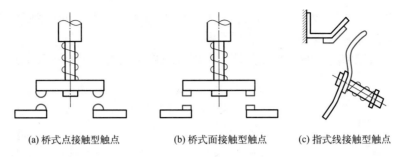

(a) 桥式点接触型触点　　(b) 桥式面接触型触点　　(c) 指式线接触型触点

图 1-1-2　常用触点的类型

2. 触点必须满足的基本要求

（1）满足正常负荷的发热要求　正常负荷电流长期通过触点时，触点的发热温度不应超过允许值。为此，触点必须接触紧密良好，尽量减小或消除触点表面的氧化层，尽量降低接触电阻。

（2）具有足够的机械强度　触点要能经受规定的通断次数而不致发生机械故障或损坏。

（3）具有足够的动稳定度和热稳定度　在可能发生的最大短路冲击电流通过时，触点不致因电动力作用而损坏；并在可能出现的最长的短路时间内通过短路电流时，触点不致被其产生的过高热量而烧损或熔焊。

（4）具有足够的断流能力　在开断所规定的最大负荷电流或短路电流时，触点不应被电弧的高温烧损，更不应发生熔焊现象。

五、低压电器的主要技术参数

1. 额定电压

（1）额定工作电压　在规定条件下，保证电器正常工作的电压。

（2）额定绝缘电压　一般为电器的最大额定工作电压。

（3）额定脉冲耐受电压　当电器所在的系统发生最大过电压时所能耐受的电压。

2. 额定电流

（1）额定工作电流　在规定条件下，保证电器正常工作的电流。

（2）约定发热电流　在规定条件试验下，电器处于非封闭状态下，开关电器在 8h 工作制下，各部件温升不超过极限值时所能承受的最大电流。

（3）约定封闭发热电流　在规定条件试验下，电器处于封闭状态下，在所规定的外壳内，开关电器在 8h 工作制下，各部件温升不超过极限值时所能承受的最大电流。

（4）额定持续电流　在规定条件下，开关电器在长期工作制下，各部件温升不超过极限值时所能承受的最大电流。

3. 其他常用的技术数据

（1）通断时间　从电流开始在开关电器的一个极流过的瞬间起，到所有极的电弧最终熄灭瞬间为止的时间间隔。

（2）燃弧时间　从触点断开（或熔体熔断）出现电弧的瞬间开始，至电弧完全熄灭为止的时间间隔。

（3）分断能力　在规定的条件下，开关电器能在给定的电压下分断的预期分断电流。

（4）接通能力　在规定的条件下，开关电器能在给定的电压下接通的预期接通电流。

（5）操作频率　开关电器在每小时内可能实现的最高循环操作次数。

（6）通电持续率　电器的有载时间和工作周期之比，常以百分数表示。

（7）机械寿命　机械开关电器的零件在需要修理或更换机械零件前所能承受的无载操作次数。

（8）电寿命　在规定的正常工作条件下，机械开关电器不需要修理或更换零件的负载操作循环次数。

六、低压电器的选用原则

据不完全统计，我国生产的低压电器有120多个系列，近600个品种，上万个规格。这些开关电器具有不同的用途和不同的使用条件，因而也就有不同的选用方法，但是总的要求应遵循以下两个基本原则。

（1）安全原则　必须保证安全、准确、可靠地工作，必须达到规定的技术指标，以保证人身安全和系统及用电设备的可靠运行，这是对任何开关电器的基本要求。

（2）经济原则　在考虑符合安全标准和达到技术要求的前提下，应尽可能选择性能比较高、价格相对较低的产品。

第二节　保护电器

目前低压电气线路中使用最广泛的保护电器主要有熔断器和热继电器，都是利用电流的热效应制成的，用来避免电器设备被烧毁以及电器火灾的发生。

一、熔断器

熔断器也被称为熔丝，结构简单、使用方便，广泛用于高低压配电系统、各种电工设备和家用电器中。

熔断器的使用

1. 熔断器的结构与工作原理

熔断器是利用金属导体作为熔体串联于电路中，当通过熔体电流超过规定值时，因其自身发热而熔断，从而使电路断开。

（1）熔体材料

① 低熔点材料，如铅和铅合金，其熔点低，容易熔断，由于其电阻率较大，故制成熔体的截面尺寸较大，熔断时产生的金属蒸气较多，只适用于低分断能力的熔断器。

② 高熔点材料，如铜和银，其熔点高，不容易熔断，但由于其电阻率较低，可制成相对低熔点熔体较小的截面尺寸，熔断时产生的金属蒸气少，适用于高分断能力的熔断器。

（2）熔体的形状

① 丝状熔体。多用于小电流的场合。

② 片状熔体。一般用薄金属片冲压制成，且常带有宽窄不等的变截面，或在条形薄片上冲一些小孔，不同的形状可以改变熔断器的保护特性。常用片状熔体的外形，如图 1-1-3 所示。

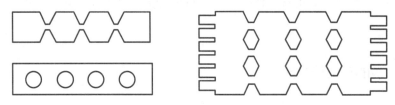

图 1-1-3　常用片状熔体的外形

（3）安秒特性　对熔体来说，其动作电流和动作时间的特性为熔断器的安秒特性，也叫反时限特性，即过载电流小时熔断时间长，过载电流大时熔断时间短。所以在一定过载电流范围内，当电流恢复正常时，熔断器不会熔断，可继续使用。

（4）熔断器的作用

① 在低压动力线路中，主要用作短路保护。

② 在低压照明线路中，可用作短路和过载保护。

2. 常用的熔断器类型

熔断器的类型很多，常用的有插入式、螺旋式、封闭式等类型。

（1）插入式熔断器（又称瓷插式熔断器）　图 1-1-4 所示为常用的 RC1A 系列瓷插式熔断器，主要由瓷盖、瓷座、动触点、静触点和熔丝等组成。其中，瓷盖和瓷座由电工陶瓷制成，电源线和负载线分别接在瓷座两端的静触点上，瓷座中间有一个空腔，它与瓷盖的凸起部分构成灭弧室。它的分断能力较弱，常用于照明电路和小容量电动机电路中。

图 1-1-4　RC1A 系列瓷插式熔断器

（2）螺旋式熔断器　图 1-1-5 所示为常用的 RL1 系列螺旋式熔断器，主要由瓷帽、熔体管、瓷套、上接线座和下接线座及瓷底座等部分组成。安装时要垂直安装，将熔体管有红点的一端插入瓷帽，熔体熔断时带有红点的金属指示片脱落，通过瓷帽上的玻璃窗就能判断出哪相熔断器熔断了。它的分断能力较强，常用于控制箱、配电屏、机床设备及振动较大的场合。

图 1-1-5　RL1 系列螺旋式熔断器

（3）封闭式熔断器　分有填料熔断器和无填料熔断器两种，采用耐高温的密封保护管，内装熔丝或熔片。无填料熔断器将熔体装入密闭式熔体管中，分断能力稍小，而有填料熔断器熔体管内装石英砂及熔体，分断能力强。

① 图 1-1-6 所示为常用的 RT0 系列有填料封闭式熔断器，主要由瓷底座、熔体管、上接线插座和下接线插座等部分组成，熔体管通过插座插入。它的分断能力强，常用于低压电网、成套配电装置及电气设备电路。

图 1-1-6　RT0 系列有填料封闭式熔断器

② 图 1-1-7 所示为常用的 RT18 系列圆筒形封闭式熔断器，主要由绝缘底座、熔体管、上接线柱和下接线柱等部分组成，熔体管通过卡座扣入。它的分断能力弱，常用于配电支路、小容量电动机电路。

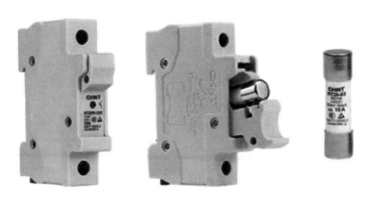

图 1-1-7　RT18 系列圆筒形封闭式熔断器

3. 熔断器的型号含义

熔断器的型号由字母和数字组合表示,不同厂家生产的产品型号标识也不尽相同,日常选用中可结合产品使用说明书来了解相关技术数据。

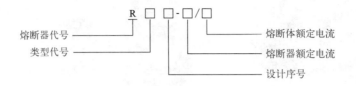

其中:

类型代号——C 表示插入式,L 表示螺旋式,M 表示无填料密闭管式,T 表示有填料密闭管式,S 表示快速式,Z 表示自复式。

4. 熔断器的主要技术参数

常见的 RT18 圆筒形封闭式熔断器熔体管外壳所标注的主要技术参数,如图 1-1-8 所示。

其中:

① RT18-63——熔断器的型号。

② 14×51——熔断器的尺寸,单位是 mm。

③ AC 是指交流,500V 是额定电压,100kA 是极限分断电流。

④ gG 表示为全范围分断能力一般用途熔体,63A 是熔体额定电流。

图 1-1-8 熔断器的主要技术参数

5. 熔断器的图形符号和文字符号

熔断器的文字符号用 FU 表示,其图形符号如图 1-1-9 所示。

图 1-1-9 熔断器的图形符号和文字符号

6. 熔体额定电流的选择

① 保护启动过程很短、运行电流较平稳的负载,如照明线路,电阻、电炉等电阻性负载时,熔体额定电流应略大于或等于负荷电路中的额定电流,可按式(1-1-1)选取。

$$I_{RN} \geqslant (1 \sim 1.1) I_N \tag{1-1-1}$$

式中 I_{RN}——熔断器熔体额定电流;

I_N——被保护线路的额定电流。

② 单台电动机的启动电流为额定电流的 4～7 倍,保护单台长期工作的电动机的熔体

电流可按最大启动电流选取,也可按式(1-1-2)选取。

$$I_{RN} \geq (1.5 \sim 2.5) I_N \tag{1-1-2}$$

③ 保护多台长期工作的电机(供电干线),可按式(1-1-3)选取。

$$I_{RN} \geq (1.5 \sim 2.5) I_{Nmax} + \Sigma I_N \tag{1-1-3}$$

式中 I_{Nmax}——容量最大单台电动机的额定电流;

ΣI_N——其余电动机的额定电流之和。

④ 在多级熔断保护电路中,为防止发生越级熔断,上、下级(供电干线、支线)熔断器间应有良好的协调配合。为此,应使上一级熔断器的熔体额定电流要比下一级高1~2个级差。

7. 熔断器的使用注意事项

① 熔断器的保护特性应与被保护对象的过载特性相适应,考虑到可能出现的短路电流,选用相应分断能力的熔断器。

② 熔断器的额定电压要适应线路电压等级,熔断器额定电流要大于或等于熔体额定电流。

③ 线路中各级熔断器熔体额定电流要相应配合,保持前一级熔体额定电流必须大于下一级熔体额定电流。

④ 熔断器的熔体要按要求使用相配合的熔体,不允许随意加大熔体或用其他导体代替熔体。

二、热继电器

1. 热继电器的结构与工作原理

(1)基本结构 图1-1-10所示为常用的JR19系列热继电器的外观,图1-1-11(a)所示为其内部剖面,主要由发热元件、双金属片、传动机构、触点系统、复位按钮和整定电流调整装置等部分组成。

(a) 正面

(b) 背面

(c) 俯视

图 1-1-10 **JR19系列热继电器的外观**

(2)工作原理 图1-1-11(b)所示为JR19系列热继电器的工作原理示意图,热元件是一段电阻不大的电阻丝,串接在电动机主电路中。当电动机正常运行时,热元件产生的热量不会使双金属片受热弯曲,触点系统不会动作;当电动机过载时,流过热元件的电流加大,经过一定的时间,热元件产生的热量使双金属片的弯曲程度超过一定值时,推动传动机构带动热继电器的触点系统动作。

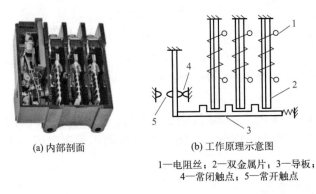

(a) 内部剖面　　(b) 工作原理示意图

1—电阻丝；2—双金属片；3—导板；
4—常闭触点；5—常开触点

图 1-1-11　JR19 系列热继电器的内部剖面和工作原理示意图

2. 热继电器的主要用途

（1）过载保护　热继电器具有与电动机允许过载特性相近的反时限动作特性，主要用于连续运行的三相异步电动机控制电路中，与接触器配合使用，实现过载保护和断相保护。

（2）过载后果　三相异步电动机在实际运行中，常会遇到由电气或机械原因等引起的过电流（过载和断相）现象。如果过电流不严重，持续时间短，绕组温升不超过允许温升，这种过电流是允许的；如果过电流情况严重，持续时间较长，则会加快电动机绝缘老化，甚至烧毁电动机，因此在电动机回路中应设置电动机保护装置。

（3）热惯性　由于热继电器中的双金属片具有热惯性，因而即使通过热元件的电流短时间内是整定电流的几倍，热继电器也不会立即动作。这个热惯性也是合乎要求的，在电动机启动或短时过载时，热继电器不会动作，这可避免电动机的不必要的停车。

3. 热继电器的型号含义

目前，国内常用的热继电器是 JR 系列，其具体型号含义如下。

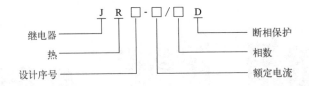

其中：

热继电器的相数——2 表示 A、C 两相，3 表示三相，D 表示单相。

有无断相保护——D 表示有断相保护，没有断相保护此项省略。

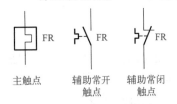

图 1-1-12　热继电器的图形
符号和文字符号

4. 热继电器的图形符号和文字符号

热继电器的文字符号用 FR 表示，其图形符号如图 1-1-12 所示。

5. 热元件电流值的选用

① 用于保护长期工作制或间断长期工作制的电动机时，

一般按电动机的额定电流来选用。

② 电动机拖动的是冲击性负载，或启动时间较长，或被拖动的设备不允许停车时，可按电动机额定电流的 1.1～1.15 倍来选用。

6. 热继电器的使用注意事项

① 热继电器只能用作电动机的过载和断相保护，不能用作短路保护。

② 主要参数要满足实际使用需要，如额定电压、额定电流、相数及热元件的额定电流、整定电流及调节范围等。

③ 必须按照产品说明书中规定的方式安装，当与其他电器安装在一起时，应注意将热继电器安装在其他电器的下方，以免其动作特性受到其他电器发热的影响。

④ 接线螺钉应拧紧，否则接触电阻增大，热元件温升增加，造成热继电器误动作。

第三节　低压开关

低压开关一般为非自动切换电器，主要作为隔离、转换、接通和分断电路用。常用的低压开关有刀开关、负荷开关、转换开关（组合开关）、自动空气开关（空气断路器）等。

一、刀开关

1. 刀开关的结构与工作原理

（1）**基本结构**　刀开关又称闸刀开关或隔离开关。如图 1-1-13 所示，它主要由手柄、闸刀、静插座、铰链支座和绝缘底板组成。

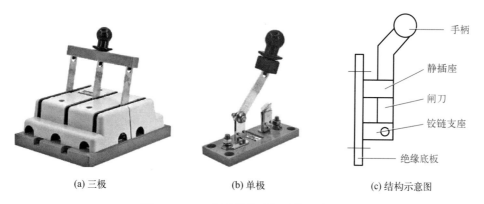

图 1-1-13　刀开关的外观与结构示意图

（2）**工作原理**　手动操作刀开关的手柄带动闸刀（动触点）运动，通过闸刀与底座上的静插座（刀夹座）相契合或分离，从而接通或分断电路。

2. 刀开关的主要用途

（1）用于隔离电源　刀开关处于断开位置时，有明显可见的间隙，能确保电路和设备检修人员的安全。

（2）用于通断负载　用于不频繁地接通和分断容量不大的低压电路或负载，如直接启动小容量电机。

（3）用于切断电流负荷　装有灭弧装置的刀开关可以切断电流负荷，其他系列刀开关只作隔离开关使用。

3. 刀开关的型号

常用的刀开关系列较多，其型号含义如下。

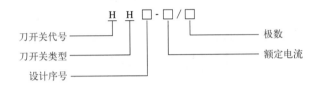

其中：

刀开关类型——D 表示单投刀开关，S 表示双投刀开关，K 表示开启式负荷开关，R 表示熔断器式刀开关，H 表示封闭式负荷开关。

极数——1 为单极，2 为双极，3 为三极。

4. 刀开关的图形符号和文字符号

刀开关分单极、双极和三极，常用的有双极和三极刀开关。刀开关文字符号用 QS 表示，其图形符号如图 1-1-14 所示。

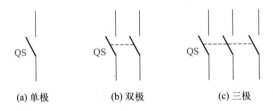

图 1-1-14　刀开关的图形符号和文字符号

二、HK 型闸刀开关

1. HK 型闸刀开关的结构与工作原理

（1）基本结构　HK 型闸刀开关又称开启式负荷开关，一般由瓷底座、胶盖、闸刀（动触点）、刀夹座（静触座）、接线座、熔丝、操作手柄等部分组成，如图 1-1-15 所示。静触座侧为进线口，闸刀侧为出线口，中间设计有安装熔丝的部位。胶盖的作用是防止操作人员触及带电部分，防止电弧飞出胶盖外灼伤操作人员，防止金属物件掉落在闸刀上产生极间短路，并且将各极隔开，防止极间飞弧导致电源的短路。

图 1-1-15　HK 型闸刀开关的外观和内部结构

（2）工作原理　手动操作闸刀开关的手柄带动闸刀（动触点）运动，通过闸刀与底座上的刀夹座（静触座）相契合或分离，以接通或分断电路。当电路发生短路或严重过载时，熔丝熔断切断电路。

2. HK 型闸刀开关的主要用途

（1）用于隔离电源　一般不直接通断电路，主要用作电源开关，隔离电源，以确保电路和设备检修人员的安全。

（2）用于通断负载　如不频繁地接通和分断容量不大的低压电路或直接启动小容量电机。

（3）用作短路保护　中间设计有安装熔丝部位，主要用作短路保护。

3. HK 型闸刀开关的使用注意事项

① 将它垂直地安装在控制屏或开关板上，不能倒装或平装。接通状态时，手柄应朝上；切断状态时，手柄应朝下。

② 进线座应在上方，接线时不能把它与出线座搞反，否则在更换熔丝时将会发生触电事故。

③ 更换熔丝时必须先拉开闸刀，并换上与原用熔丝规格相同的新熔丝，同时还要防止新熔丝受到机械损伤。

④ HK 型闸刀开关没有专门的灭弧装置，仅利用胶盖遮护防止电弧灼伤人手，因而不宜带负荷操作。若需要带一般性负荷操作时，动作要快，使电弧尽快熄灭。

三、HH 型铁壳开关

1. HH 型铁壳开关的结构与工作原理

（1）基本结构　HH 型铁壳开关又称封闭式负荷开关，它是在 HK 型闸刀开关的基础上改进而来的。常用的 HH 型铁壳开关有 HH3、HH4 系列，如图 1-1-16 所示。它主要由触点及灭弧系统、熔断器及操作机构三部分组成。

（2）工作原理　在操作机构中，手柄转轴与底座之间装有速动弹簧，使刀开关的接通与断开速度与手柄操作速度无关。操作机构上装有机械联锁，它可以保证开关合闸时不能打开防护铁盖，而当打开防护铁盖时不能将开关合闸。

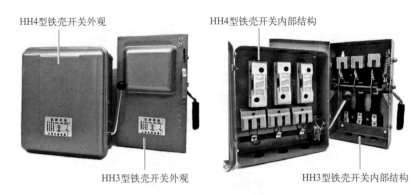

图 1-1-16 HH3、HH4 型铁壳开关的外观和内部结构

2. HH 型铁壳开关的主要用途

① 用于手动不频繁地接通和断开带负载的电路以及作为线路末端的短路保护。

② 用于控制 15kW 以下的交流电动机不频繁地直接启动和停止。

3. HH 型铁壳开关的使用注意事项

① 开关不带过载保护，只有熔断器作为短路保护，因此很可能因一相熔断器熔断而导致电机缺相运行，所以不宜采用该开关来直接控制大容量的电动机。

② 用于电热和照明电路时，额定电流可以按各电路的额定电流来选择；用于电动机电路时，铁壳开关的额定电流可按电动机额定电流的 1.5 倍来选择。

③ 应垂直固定安装，接线时电源线应接在夹座上不与熔断器直接相连的接线端子上，这样闸刀开关分断后，用电设备和熔断器都不带电，以保证检修安全。

④ 外壳应可靠接地，以防止意外漏电造成触电事故。

四、自动空气开关

自动空气开关简称空开，是低压断路器的一种，是低压电网中非常常用且特别重要的一种电器。它具有操作安全、使用方便、工作可靠、安装简单以及动作后（如短路故障排除后）不需要更换元件（如熔体）等优点，因此在工业以及住宅等方面应用广泛。常用的自动空气开关的外观如图 1-1-17 所示。

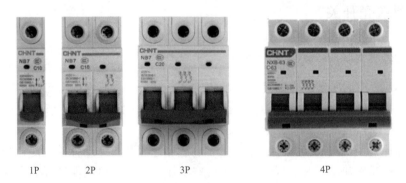

图 1-1-17 常用的自动空气开关的外观

1. 自动空气开关的结构与工作原理

（1）基本结构　自动空气开关集控制和多种保护于一体，它相当于刀开关、熔断器、热继电器、过电流继电器和欠压继电器的组合。图 1-1-18 所示为自动空气开关的内部结构剖面图，主要由脱扣器、连杆机构和灭弧装置组成。

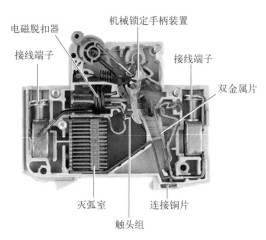

图 1-1-18　自动空气开关的内部结构剖面图

（2）工作原理　如图 1-1-19 所示，当主触点通过操作机构闭合后，就被搭钩锁在合闸的位置，如果电路中发生故障，则有关的脱扣器动作使脱扣机构中的搭钩脱开，于是主触点在释放弹簧的作用下迅速分断。脱扣方式主要有两种：第一种是热脱扣（双金属片），第二种是电磁脱扣（电磁铁）。

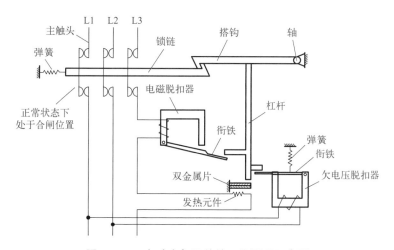

图 1-1-19　自动空气开关的工作原理示意图

① 过载保护对应的是热脱扣，当电路中发生过载，其过载电流产生的热量导致双金属片变形时，就会使脱扣器动作，从而脱扣断开电路。

② 短路保护对应的是电磁脱扣，当线圈中经过负载电流的时候，其电磁铁吸力比较小，衔铁不能被吸合；而经过短路电流的时候，电磁铁吸力比较大，使衔铁吸合带动脱扣器动作，从而脱扣断开电路。

③ 欠压保护对应的也是电磁脱扣，当线路电压正常时，线圈中经过的电流就能使电磁铁吸合，而当线路电压不够时（一般小于额定电压的 70%），电磁铁吸力比较小，使衔铁释放带动脱扣器动作，从而脱扣断开电路。

2. 自动空气开关的主要用途

① 通断正常负荷电流和短路电流。
② 自身可附加多种保护装置，能对电路和电气设备发生的短路、严重过载以及欠压等故障进行保护。
③ 可以用于不频繁地启动小容量的电动机。

3. 自动空气开关的型号含义

自动空气开关的规格型号有很多，比较常用的有 DZ（塑壳式）和 DW（框架式）两大系列。一般国产的低压断路器型号构成只有五部分，其他技术数据可查阅产品使用说明书。

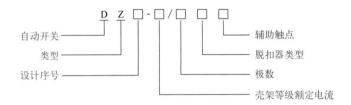

其中：
类型——Z 表示塑壳式，W 表示框架式（万能式）。
脱扣器类型——0 表示无脱扣器式，1 表示热脱扣器式，2 表示电磁脱扣器式，3 表示复合脱扣器式。
辅助触点——0 表示无辅助触点，2 表示有辅助触点。

4. 自动空气开关的图形符号和文字符号

自动空气开关（断路器）的文字符号用 QF 表示，其图形符号如图 1-1-20 所示。

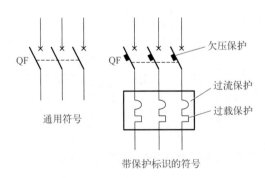

图 1-1-20　自动空气开关（断路器）的图形符号和文字符号

5. 自动空气开关的使用注意事项

① 根据电气装置的要求确定空开的类型。

② 根据对线路的保护要求确定空开的保护形式。
③ 空开的额定电压和额定电流应大于或等于线路、设备的正常工作电压和工作电流。
④ 空开的极限通断能力大于或等于电路最大短路电流。
⑤ 欠压脱扣器的额定电压等于线路的额定电压。
⑥ 过电流脱扣器的额定电流大于或等于线路的最大负载电流。

五、漏电保护器

漏电保护器是一种带漏电保护功能的空气断路器，简称漏电开关，又叫漏电断路器，是防止电击事故的有效措施之一。四种常用的漏电保护器的外观如图 1-1-21 所示。

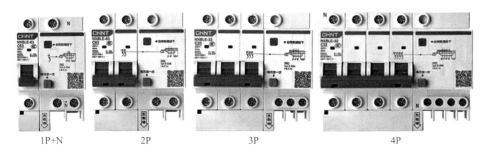

图 1-1-21 四种常用的漏电保护器的外观

1. 漏电保护器的结构与工作原理

（1）基本结构 如图 1-1-22 所示，漏电保护模块内部结构主要分为五个部分：控制电路板、漏电传感器、电磁脱扣装置、测试电路及输入输出接线端。

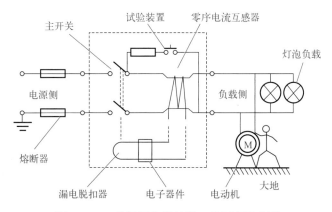

图 1-1-22 单相漏电保护器工作原理示意图

（2）工作原理 正常工作时流过零序互感器（检测互感器）的电流大小相等，方向相反，总和为零，互感器铁芯中感应磁通等于零，二次绕组无输出；当线路发生漏电或有人触电时，就有一个接地故障电流，使流过互感器的电流代数和不为零，铁芯中感应出磁通，其二次绕组有感应电流产生，经放大后输出，使漏电脱扣器动作推动开关自动跳闸。

2. 漏电保护器的主要用途

① 在线路或设备出现对地漏电或人身触电时，迅速自动断开电路，能有效地保证人身和线路的安全。

② 漏电保护断路器具有过载和短路保护功能，可用来保护线路或电动机的过载和短路。

③ 可在正常情况下作为线路的不频繁转换和电动机不频繁启动之用。

3. 漏电保护器的型号含义

家庭使用的漏电保护器基本上选择的是 DZ 系列，一般国产漏电保护器的型号构成只有五部分，其他技术数据可查阅产品说明书。

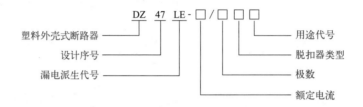

其中：

特殊派生代号——LE 表示电子式漏电保护器，LM 表示电磁式漏电保护器。

脱扣器类型——90 表示液压式脱扣器，30 表示双金属片式脱扣器。

用途代号——1 为配电保护用，2 为电动机保护用。

4. 漏电保护器的图形符号和文字符号

漏电保护器的文字符号用 QF 表示，其图形符号如图 1-1-23 所示。

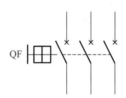

图 1-1-23　漏电保护器的图形符号和文字符号

5. 漏电保护器的使用注意事项

① 安装前，要核实保护器的额定电压、额定电流、短路通断能力、额定漏电动作电流和额定漏电动作时间。

② 接线时注意看清端子标识，1P+N 和 3P+N 漏电保护器的 N 线端子是直通的。

③ 接零保护线 PE 不准通过漏电保护器。如果保护线 PE 通过零序电流互感器，在出现故障时，漏电电流经保护线 PE 又回穿过零序电流互感器，造成漏电保护器不动作。

④ 漏电保护器只能保护其后面的独立回路，不能与其他线路有电气上的连接，避免漏电保护器误动作。

⑤ 漏电保护器上有个测试按钮，目的是模拟人为漏电，在带电状态下按动试验按钮，强制使漏电保护跳闸，检验漏电保护器能否正常工作，建议至少每月试验一次。

第四节 主令电器

主令电器又称主令开关,是用来接通或分断控制电路,以发出指令或用于程序控制的开关电器。由于主令电器所转换的电路是控制电路,因此其触点工作电流很小,不允许分合主电路。常用的主令电器有按钮、转换开关、行程开关、接近开关等。

一、按钮

1. 按钮的基本结构

图 1-1-24 所示为常见的 LA19 系列按钮,一般由按钮帽、复位弹簧、桥式动触点、静触点、支柱连杆及外壳等部分组成。

图 1-1-24 LA19 系列按钮的外观和结构分解

2. 按钮的工作原理

按照按钮不受外力作用(即原始状态)时触点的分合状态,分为启动按钮(即常开按钮)、停止按钮(即常闭按钮)和复合按钮(即启动按钮与停止按钮组合为一体的按钮)。常用的三种按钮的结构原理示意图,如图 1-1-25 所示。

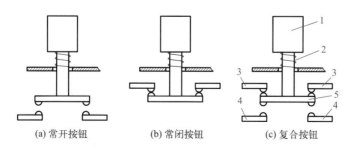

图 1-1-25 按钮的结构原理示意图
1—按钮帽;2—复位弹簧;3—常闭触点;4—常开触点;5—桥式触点

（1）启动按钮　只有常开触点，当手指按下时，触点被接通；手指松开后，在复位弹簧作用下触点又返回原位断开。

（2）停止按钮　只有常闭触点，当手指按下时，触点被断开；手指松开后，在复位弹簧作用下触点又返回原位闭合。

（3）复合按钮　既有常开触点，又有常闭触点。当手指按下时，常闭触点先断开，按压到位后常开触点闭合；手指松开后，在复位弹簧作用下其触点又返回原位，常开触点先断开，松开到位后常闭触点闭合。

3. 按钮的主要用途

按钮主要用于控制电路中发出启动或停止等指令，通常用作短时接通和断开低电压小电流的控制电路，如电磁启动器、接触器、继电器等电器线圈控制电路，通过接触器、继电器等电器接通或断开主电路。

4. 按钮开关的型号含义

常用的按钮型号为 LA 系列，其具体型号含义如下。

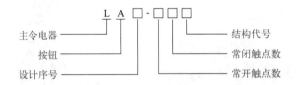

其中：

按钮的结构代号——K 开启式，H 保护式，S 防水式，F 防腐式，J 紧急式，X 旋钮式，Y 钥匙操作式，D 光标式。

5. 按钮开关的图形符号和文字符号

按钮开关的文字符号用 SB 表示，其图形符号如图 1-1-26 所示。

图 1-1-26　按钮的图形符号和文字符号

6. 按钮的颜色含义

为便于识别各个按钮的作用，避免误操作，常在按钮帽上作出不同标记或涂上不同颜色，国家标准 GB/T 4025—2010 对按钮颜色作了如下规定：

① "停止"和"急停"按钮必须是红色的。

② "启动"或"通电"按钮的颜色是绿色的。

③ "点动"按钮的颜色是黑色的。

④ "启动"与"停止"交替动作的按钮的颜色是黑色、白色或灰色的,不得用红色或绿色的。

⑤ "复位"按钮(如保护继电器的复位按钮)的颜色是蓝色的,当复位按钮还具有停止作用时,则必须是红色的。

⑥ "异常"情况按钮的颜色是黄色的。

7. 按钮的使用注意事项

① 按钮安装在面板上时,应布置整齐,排列合理,可根据电动机启动的先后次序,从上到下或从左到右排列。

② 为了避免误操作,通常将按钮帽都做成不同的颜色,以示区别,使用时要标明各个按钮的作用。

③ 按钮开关在接线时,要注意分辨常开(动合)与常闭(动断)触点,一般触点侧都有颜色标识,绿色为常开触点,红色为常闭触点。

二、转换开关

转换开关又称组合开关,具有多触点、多位置,是一种切换多回路的低压开关。

1. 转换开关的基本结构

图 1-1-27 所示为常用的 LA19 系列转换开关,主要由转轴、触点座、凸轮、螺杆、定位机构、手柄等组成。

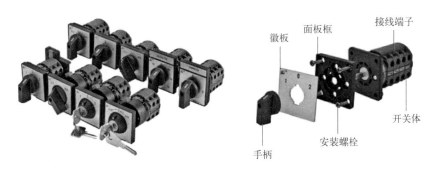

图 1-1-27　LA19 系列转换开关的外观和结构分解

2. 转换开关的工作原理

转换开关的接触系统是由数个装嵌在绝缘壳体内的静触点座和可动支架中的动触点构成的,动触点是双断点对接式的触桥,在附有手柄的转轴上叠焊多个动触点,随转轴旋至不同位置时动触点依次与静触点接通或分断,使电路接通或断开。定位机构采用滚轮卡棘轮结构,配置不同的限位件,可获得不同挡位的开关。

3. 转换开关的主要用途

① 用于交流 50Hz、380V 以下及直流 220V 以下的电气线路中,供手动不频繁地接通和分断两路或多路电路。

② 直接控制 5.5kW 以下小容量异步电动机的启动、停止、正反转和星-三角启动等。

4. 转换开关的型号含义

转换开关常用的有 HZ 系列转换开关和 LW 系列万能转换开关两种型号。

（1）HZ10 系列的型号含义

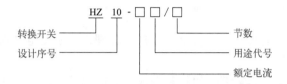

其中：
用途代号——P 为二路切换，S 为三路切换。

（2）LW 系列万能转换开关的型号含义

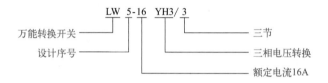

5. 转换开关的图形符号和文字符号

转换开关的文字符号用 SA 表示，其图形符号如图 1-1-28 所示。

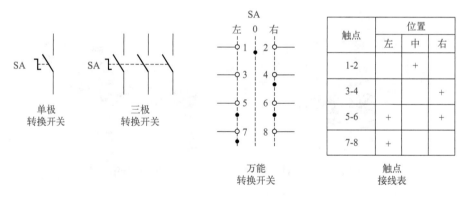

图 1-1-28　转换开关的图形符号和文字符号

6. 转换开关的使用注意事项

① 转换开关应根据用电设备的电压等级、容量和所需触点数量、接线方式等选用相应规格的产品。

② 可水平安装在屏板上，也可垂直安装。安装位置应与其他电气元件或机床的金属部件有一定的间隙，以免在通断过程中因电弧喷出而发生对地短路故障。

③ 当用来控制电动机时，一般只能控制 5.5kW 以下的小容量电动机，若用以控制电动机正反转，则只有在电动机停止后才能反向启动。

三、行程开关

行程开关也叫限位开关,又称位置开关,是一种将机械信号转换为电气信号,以控制运动部件位置或行程的自动控制电器。

1. 行程开关的基本结构

行程开关的结构和普通的手动开关一样,只是外面的机构形式不一样,主要由操作头、触点系统和外壳组成。行程开关有直动式、滚轮式和微动式三种类型,图 1-1-29 所示为四种常用行程开关的外观。

(a) 单轮式　(b) 双轮式　(c) 直动式　(d) 微动式

图 1-1-29　四种行程开关的外观

2. 行程开关的工作原理

(1) 直动式行程开关　如图 1-1-30(a) 所示,当外界运动部件上的撞块碰压行程开关的操作头时,触点动作;当运动部件离开后,在弹簧作用下,触点自动复位,触点的分合速度取决于生产机械的运行速度。

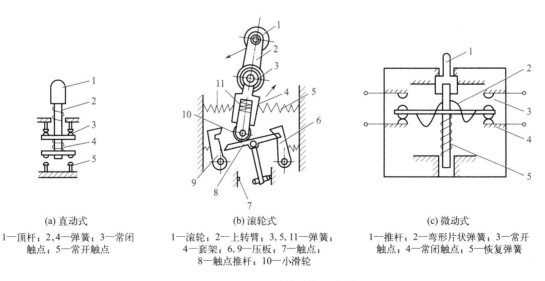

(a) 直动式　　　　　　　(b) 滚轮式　　　　　　　(c) 微动式

1—顶杆;2,4—弹簧;3—常闭　　1—滚轮;2—上转臂;3,5,11—弹簧;　　1—推杆;2—弯形片状弹簧;3—常开
触点;5—常开触点　　　　　4—套架;6,9—压板;7—触点;　　　触点;4—常闭触点;5—恢复弹簧
　　　　　　　　　　　　　8—触点推杆;10—小滑轮

图 1-1-30　行程开关的结构示意图

(2) 滚轮式行程开关　分为单滚轮自动复位式和双滚轮(羊角式)非自动复位式,双

滚轮行程开关具有两个稳态位置，有"记忆"作用，在某些情况下可以简化线路。图 1-1-30（b）所示为单滚轮式行程开关，当被控机械上的挡铁（撞块）撞击带有滚轮的撞杆时，撞杆转向右边，带动小滑轮转动顶下触点推杆，使微动开关中的触点迅速动作；当运动机械返回时，滚轮上的挡铁移开后，在复位弹簧的作用下，行程开关各部分动作部件复位。双滚轮行程开关不能自动复位，它依靠运动机械反向移动时，挡铁碰撞另一滚轮将其复位。

（3）微动式行程开关（微动开关）如图 1-1-30（c）所示，具有微小接点间隔和速动机构，动作行程短、按动力小、通断迅速。外机械力通过传动元件（按钮、杠杆、滚子等）对弯形片状弹簧施加作用力，当弹簧移动到临界点时，产生瞬时动作，使弹簧末端的动触点迅速与静触点连接或断开；当传动元件上的机械力移除时，反向行程达到弹簧动作的临界点后，瞬间完成复位动作。

3. 行程开关的主要用途

① 行程开关广泛用于各类机床和起重机械中，用以控制其行程、进行终端限位保护、定位控制和位置状态的检测等。

② 在电气控制系统中，行程开关的作用是实现自动停止、变速运动、自动往返运动和顺序控制等。

③ 在电梯的控制电路中，还利用行程开关来控制开关轿门的速度、自动开关门的限位、轿厢的上限位和下限位保护等。

④ 微动开关在电动阀门、小型机械和家用电器等设备上也有较多的应用。

4. 行程开关的型号含义

行程开关的型号众多，不同厂家生产的行程开关型号表示方法也有所不同，一般标准的表示方法是 LX□-□□□ 和 JLXK□-□□□ 两种。

（1）LX□-□□□ 型号含义

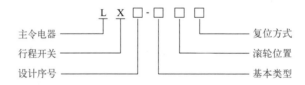

其中：

基本类型——0 表示无滚轮，1 表示单轮，2 表示双轮，3 表示直动不带轮，4 表示直动带轮。

滚轮位置——0 表示仅径向传动杆，1 表示滚动轮装在传动杆内侧，2 表示滚动轮装在传动杆外侧，3 表示滚动轮装在传动杆凹槽内或内外侧。

复位方式——1 表示自动复位，2 表示非自动复位。

（2）JLXK□-□□□ 型号含义

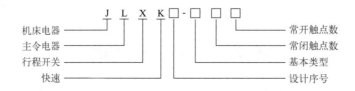

其中：

基本类型——0表示无滚轮，1表示单轮，2表示双轮，3表示直动不带轮，4表示直动带轮。

5. 行程开关的图形符号和文字符号

行程开关的文字符号用 SQ 表示，其图形符号如图 1-1-31 所示。

图 1-1-31　行程开关的图形符号和文字符号

6. 行程开关的使用注意事项

① 要按照使用场所的外界环境选择其防护形式（开启式、防护式）。
② 要根据控制回路的电压和电流选择采用何种系列的行程开关。
③ 要根据机械与行程开关的受力与位移关系选取合适的头部结构形式。
④ 要根据所需触点数量来选择行程开关的触点数量。

四、接近开关

接近开关是一种非接触式的无触点的电子式的行程开关，当物体与之接近到一定距离时，就发出动作信号。在一般的工业生产场所，通常都选用电感式接近开关和电容式接近开关。图 1-1-32 所示为常用的 LJ 系列电感式接近开关，图 1-1-33 所示为常用的 LXJ 系列电容式接近开关。

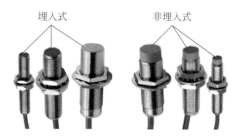  

图 1-1-32　LJ 系列电感式接近开关　　　　图 1-1-33　LXJ 系列电容式接近开关

1. 电感式接近开关

（1）基本结构　如图 1-1-34 所示，其感应头是一个具有铁氧体磁芯的电感线圈，只能用于检测金属体，由 LC 元件组成的振荡回路，通过检波、放大、整形、输出等电路输出信号，使开关处于某种工作状态。

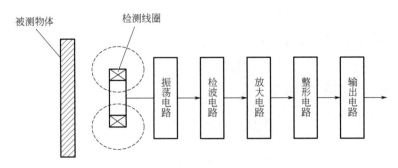

图 1-1-34　电感式接近开关的基本组成

(2) 工作原理　当金属物体接近感应头达一定距离时，金属物体中产生涡流，由于涡流的去磁作用使感应头的等效参数发生变化，改变振荡回路的谐振阻抗和谐振频率，使振荡减弱以至停止，并以此发出接近信号，使开关改变原有工作状态（常开型为"通"状态，常闭型为"断"状态）。

2. 电容式接近开关

(1) 基本结构　如图 1-1-35 所示，其感应头通常是构成电容器的一个极板，而另一个极板是开关的外壳，这个外壳在测量过程中通常是接地或与设备的机壳相连接，两个极板连接到一个高频振荡器的反馈支路中。

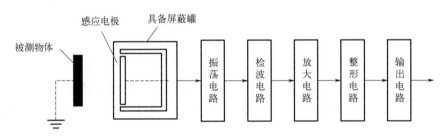

图 1-1-35　电容式接近开关的基本组成

(2) 工作原理　没有物体移向接近开关时，振荡器不发生振荡，当有物体移向接近开关时，不论它是否为导体，由于它的接近，总要使电容的介电常数发生变化，从而使电容量发生变化，振荡器开始发生振荡，使得和感应头相连的电路状态也随之发生变化，并被转换为一个开关命令，由此便可控制开关的接通或断开。

3. 接近开关的主要用途

(1) 检验距离　检测电梯、升降设备的停止、启动、通过位置；检测车辆的位置，防止两物体相撞检测；检测工作机械的设定位置，以及移动机器或部件的极限位置；检测回转体的停止位置，阀门的开或关位置。

(2) 尺寸控制　金属板冲剪的尺寸控制装置；自动选择、鉴别金属件长度；检测自动装卸时堆物高度；检测物品的长、宽、高和体积。

(3) 检测物体存在　检测生产包装线上有无产品包装箱；检测有无产品零件。

(4) 转速与速度控制　控制传送带的速度；控制旋转机械的转速；与各种脉冲发生器一起控制转速和转数。

(5) 计数及控制　检测生产线上流过的产品数；高速旋转轴或盘的转数计量；零部件计数。

4. 接近开关的型号含义

接近开关的种类很多，下面以 LJ18A3-8-Z/BX 电感式接近开关为例，介绍一下其型号具体含义。

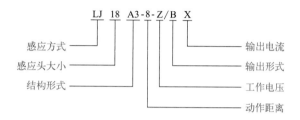

其中：

感应方式——LJ 表示电感式，LJC 表示电容式，LJG 表示干簧管式。

结构形式——A 表示圆柱形，B 表示方形，3 表示金属外壳，4 表示塑料外壳，无表示螺管，1 表示光柱型。

工作电压——Z 表示 DC 6～36V，Z1 表示 DC 30～65V，J 表示 AC 90～250V，J1 表示 AC 345～450V，X 表示特殊电压。

输出形式——A 表示三线制常闭，B 表示三线制常开，C 表示四线制一开一闭，D 表示二线制常闭，E 表示二线制常开。

输出电流——X 表示 NPN（DC：200mA），Y 表示 PNP（DC：200mA），Z 表示 300～400mA，M 表示 500mA，R 表示 1500mA。

5. 接近开关的图形符号和文字符号

接近开关的文字符号用 SQ 表示，其图形符号如图 1-1-36 所示。

6. 接近开关的使用注意事项

① 当检测物体是导电物体或可以固定在一块金属物上的物体时，一般都选用电感式接近开关。

② 当检测物体是木头、塑料、玻璃、纸张、水类等非金属时，则应选用电容式接近开关。

图 1-1-36　接近开关的图形符号和文字符号

③ 当检测物体为导磁材料或者为了区别和它在一同运动的物体而把磁钢埋在被测物体内时，应选用霍尔式接近开关。

④ 在环境条件比较好、无粉尘污染的场合，可采用光电式接近开关。

⑤ 无论选用哪种接近开关，都应注意对工作电压、负载电流、响应频率、检测距离等各项指标的要求。

第五节　执行电器

执行电器是用来支撑与保持机械装置在固定位置上,操纵和带动生产机械完成传动或实现某种动作的一种执行元件。常用的执行电器有电磁铁、电磁离合器和电磁阀等。

一、电磁铁

1. 电磁铁的基本结构

如图 1-1-37 所示,电磁铁主要由线圈、铁芯及衔铁三部分组成。铁芯和衔铁一般用容易磁化,且磁性容易消失的软铁或硅钢材料制成,这样的电磁铁在通电时有磁性,断电后磁性就随之消失。铁芯一般是静止的,线圈缠绕在铁芯上,衔铁上装有弹簧可以移动,通常把它做成马蹄形或条形,以使铁芯更容易磁化。

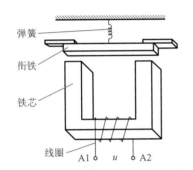

图 1-1-37　马蹄形电磁铁结构示意图

2. 电磁铁的工作原理

当给励磁线圈通电时,线圈周围产生磁场,铁芯被磁化,磁化后的铁芯也变成了一个磁体,两个磁场互相叠加,使电磁铁的磁性大大增强,产生电磁吸力吸引衔铁。当电磁吸力大于弹簧对衔铁的反作用力时,衔铁被吸合;当线圈中的电流小于某一定值或中断供电时,电磁吸力小于弹簧对衔铁的反作用力,衔铁被释放。电磁铁的衔铁动作可带动其他机械装置发生联动,有时是用机械零件或工件充当衔铁。

3. 电磁铁的类型

(1) 按电流可分为交流电磁铁和直流电磁铁

① 交流电磁铁。给其励磁线圈施加交流电压,磁通是交变的,会引起衔铁的振动和噪声,并产生铁损。为了消除振动和噪声,在铁芯磁极的部分端面上嵌套一个分磁环(又称短路环),工作时在分磁环中产生感应电流,其附加磁场阻碍铁芯磁通的变化,两部分的吸力不同时为零,实现消除振动和噪声。为了减少铁损,铁芯由软铁片或硅钢片冲制叠压铆成。其励磁线圈电流不仅与线圈电阻有关,还与线圈感抗有关,在其吸合过程中,随着磁路气隙的减小,线圈感抗增大,电流减小;如果衔铁被卡住,通电后衔铁吸合不上,线圈感抗一直很小,电流较大,将使线圈严重发热甚至烧毁。因此,交流电磁铁不允许频繁操作,以免线圈因受到启动电流的不断冲击而过热烧坏。

② 直流电磁铁。给其励磁线圈施加直流电压,吸合后的磁通不变,吸力恒定不变,无铁损,铁芯可用整块软铁或硅钢制成。其励磁电流仅与线圈电阻有关,在其吸合过程中励磁电流不变,因此可频繁操作。

(2) 按用途可分为制动电磁铁、起重电磁铁、阀用电磁铁和牵引电磁铁

① 制动电磁铁。在电气传动装置中用作电动机的机械制动,以达到准确迅速停车的

目的。

② 起重电磁铁。用作起重装置来吊运导磁性材料及其制品，或用作电磁机械手夹持导磁性材料。

③ 阀用电磁铁。利用磁力推动电磁阀，从而达到阀口开启、关闭或换向的目的。

④ 牵引电磁铁。主要用于牵引机械装置，以执行自动控制任务。

4. 电磁铁的图形符号和文字符号

电磁铁的文字符号用 YA 表示，其图形符号如图 1-1-38 所示。

图 1-1-38　电磁铁的图形符号和文字符号

二、电磁离合器

1. 电磁离合器的基本结构

电磁离合器又称电磁联轴节，它由驱动部分和被驱动部分两个主要部分组成。驱动部分包括电磁线圈和固定在转子上的永磁体，被驱动部分包括离合器盘和输出轴。

2. 电磁离合器的工作原理

电磁离合器是利用电磁感应原理，靠电磁线圈的通断电来控制离合器的接合与分离，使机械传动系统中两个旋转运动的部件，在主动部件不停止旋转的情况下，从动部件可以与其结合或分离的电磁机械连接器，是一种自动执行的电器。

3. 电磁离合器的种类

电磁离合器按其工作原理可分为摩擦式电磁离合器、磁粉式电磁离合器、牙嵌式电磁离合器、转差式电磁离合器等。电磁离合器按其工作方式又可分为通电结合和断电结合。几种常用电磁离合器的外观图，如图 1-1-39 所示。

(a) 摩擦式电磁离合器　　(b) 磁粉式电磁离合器　　(c) 牙嵌式电磁离合器

图 1-1-39　几种常用电磁离合器的外观

4. 电磁离合器的主要用途

电磁离合器的作用是将执行机构的力矩（或功率）从主动轴一侧传到从动轴一侧。它广泛用于各种机构，如机床中的传动机构和各种电动机构等，以实现快速启动、制动、正反转和调速等功能。

5. 电磁离合器的图形符号和文字符号

电磁离合器的文字符号用 YC 表示，其图形符号如图 1-1-40 所示。

图 1-1-40 电磁离合器的图形符号和文字符号

三、电磁阀

电磁阀是一种利用电磁力控制流体流动的装置，三种常用电磁阀的外观，如图 1-1-41 所示。

1. 电磁阀的基本结构

电磁阀主要由阀体和电磁铁组成。阀体部分由滑阀芯、滑阀套和弹簧底座等部件组成；电磁铁由固定铁芯、衔铁和线圈等部件组成。

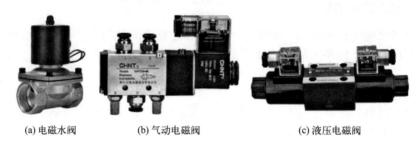

(a) 电磁水阀　　　(b) 气动电磁阀　　　(c) 液压电磁阀

图 1-1-41 三种常用电磁阀的外观

2. 电磁阀的工作原理

电磁阀利用电磁铁的线圈通电产生电磁力吸引衔铁运动，衔铁与阀芯相连，从而操纵阀门开启或关闭，实现流体通道的开闭状态改变。电磁阀一般无辅助触点，电磁阀里有密闭的腔，在不同位置开有管孔，每个管孔连接不同的管路，腔的中间是阀芯，通过控制阀芯的移动来开启或关闭不同的管孔。

图 1-1-42 所示为常用的两位三通电磁阀的结构原理示意图，电磁阀的结构性能用其位置数和通路数表示，"位"是指阀芯位置，"通"是指流体的通道数，常用的有两位三通、两位四通、三位五通等。

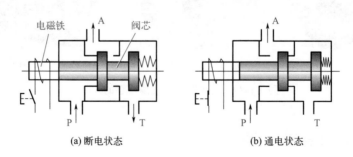

(a) 断电状态　　　　　　　(b) 通电状态

图 1-1-42 两位三通电磁阀的结构原理示意图

3. 电磁阀的主要用途

电磁阀主要用于传送动力、驱动负载。在机床和生产设备中，经常采用气动、液压驱动装置，通过气路或油路的阀门开通和关闭来调节管路压力，改变气缸、油压缸的运行速度和方向等。电磁阀有很多种，不同的电磁阀在控制系统的不同位置发挥作用，最常用的是单向阀、安全阀、方向控制阀、速度调节阀等。

4. 电磁阀的图形符号和文字符号

电磁阀的文字符号用 YV 表示，其图形符号如图 1-1-43 所示。

图 1-1-43　电磁阀的图形符号和文字符号

第六节　接触器

接触器属于开关设备中主回路的开关电器，具有控制容量大、工作可靠、操作效率高、使用寿命长等优点，适用于频繁操作和远距离控制，所以它经常运用于以电动机作为控制对象的电力拖动系统中。常用的接触器主要分为交流接触器（电压 AC）和直流接触器（电压 DC）两大类。

一、交流接触器

1. 交流接触器的基本结构

交流接触器主要由电磁机构、触点系统和灭弧装置三大部分组成。常用的 CJX2 系列交流接触器外观及其结构分解，如图 1-1-44 所示。

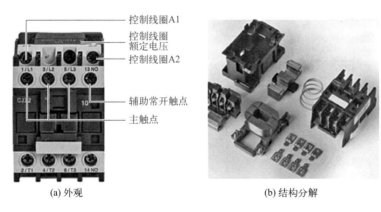

图 1-1-44　CJX2 系列交流接触器外观和结构分解

（1）电磁机构　主要由线圈、静铁芯和衔铁（动铁芯）三部分组成。铁芯和衔铁一般用 E 形硅钢片冲制叠压铆成，是交流接触器发热的主要部件。线圈一般做成粗而短的圆筒形，并且绕在绝缘骨架上，使铁芯与线圈之间有一定间隙，增加散热，避免线圈受热烧损。E 形铁芯的中柱端面需留有 0.1～0.2mm 的气隙，以减小剩磁影响，避免线圈断电后衔铁粘住不能释放。

（2）触点系统　包括主触点和辅助触点，这是交流接触器的执行系统，随着衔铁的上下移动，带动安装在衔铁上的动触点一起上下移动，使触点状态发生改变。主触点用以通断电流较大的主电路，一般由三对接触面较大的常开触点（动合触点）组成，一般采用桥式触点；辅助触点用以通断电流较小的控制电路，一般由两对常开触点（动合触点）和两对常闭触点（动断触点）组成，均为桥式双断口结构。

（3）灭弧装置　交流接触器一般采用灭弧室灭弧，目前应用最广泛的是陶瓷灭弧室、阻燃塑料灭弧室和胶木灭弧室三种，而内部结构都是差不多的，采用铁制栅片式引弧，将电弧引进栅片中分割和燃烧掉，从而保护触点。

（4）辅助系统　主要包括复位弹簧、传动机构、接线柱、支架、底座和外壳等。

（5）振动和噪声　线圈中通入的交流电在铁芯中产生交变的磁通，衔铁会产生振动，发出噪声。在交流接触器铁芯的两个端部各开一个槽，槽内嵌装一个用铜、康铜或镍铬合金材料制成的短路环，又称减振环或分磁环。常用的CJX2系列交流接触器的铁芯和衔铁，如图1-1-45所示。

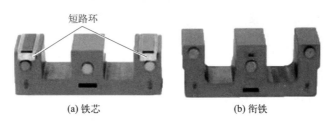

图1-1-45　CJX2系列交流接触器的铁芯和衔铁

图1-1-46所示为交流接触器的铁芯磁通和电磁吸力示意图，Φ_1和Φ_2的相位不同，即Φ_1和Φ_2不同时为零，则由Φ_1和Φ_2产生的电磁吸力F_1和F_2不同时为零，这就保证了铁芯与衔铁在任何时刻都有吸力，衔铁将始终被吸住，以消除振动和噪声。

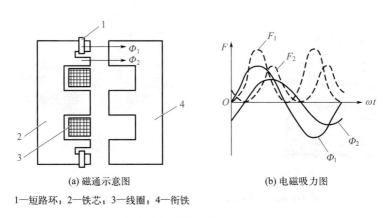

1—短路环；2—铁芯；3—线圈；4—衔铁

图1-1-46　交流接触器的铁芯磁通电磁吸力图

2. 交流接触器的工作原理

交流接触器是利用电磁线圈的通电或断电，使衔铁被铁芯吸合或释放，从而带动动触点与静触点闭合或分断，实现接通或断开电路的目的。交流接触器的结构原理示意图，如图1-1-47所示。

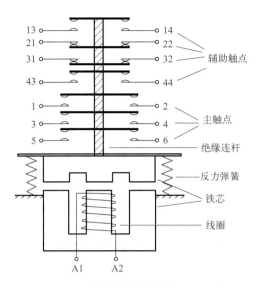

图 1-1-47 交流接触器的结构原理示意图

3. 交流接触器的失压和欠压保护功能

所谓失压和欠压保护就是当由于某种原因使电源电压下降过低或暂时停电时，电动机即自动与电源断开；当电源电压恢复时，如不重按启动按钮，则电动机不能自行启动。如果不是采用接触器控制，而是直接用闸刀开关进行手动控制，由于在停电时未及时拉开开关，当电源电压恢复时，电动机即自行启动，可能造成事故。

4. 交流接触器的型号含义

接触器的产品很多，国产的有正泰、德力西等厂家，进口的有西门子、施耐德等厂家。接触器型号表示方法很多，下面以常用的 CJX2 系列为例了解一下型号上的字母和数字相关的信息。

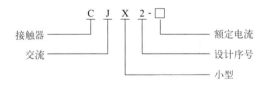

二、直流接触器

1. 直流接触器的基本结构

直流接触器的结构与交流接触器的基本相同，主要由电磁机构、触点系统和灭弧装置三大部分组成。常见的 CZ0 系列直流接触器的外观，如图 1-1-48 所示。

（1）电磁机构 如图 1-1-49 所示，其电磁机构主要由铁芯、线圈和衔铁等部分组成，主要采用指形触点的拍合式结构。由于线圈中通的是直流电，正常工作时铁芯内没有涡流，铁芯不会发热，没有铁芯损耗，所以铁芯可以用整块铸铁或铸钢制成。但由于线圈的匝数较多,电阻大,铜损大,所以线圈本身发热是主要的,为了使线圈很好地散热,通常把线圈缠绕成一个长而薄的圆柱体。为了确保线圈断电时衔铁能可靠地释放,通常需要在铁芯和衔铁之间设置一个非磁性垫片,以减少剩磁的影响。

图 1-1-48　CZ0 系列直流接触器的外观

为了减小运行时的线圈功耗及延长线圈的使用寿命,容量较大的直流接触器线圈往往采用串联双绕组线圈,如图 1-1-50 所示。当电路刚接通时,线圈 2 由于常闭触点的闭合而被短路,因此启动线圈 1 可以获得更大的电流和吸力;当接触器衔铁吸合后,常闭触点断开,线圈 1 和线圈 2 串联分压,回路中的电流较小,由于衔铁吸合后需要的保持吸力变小,所以衔铁仍然可以保持吸合状态,从而达到省电的目的。

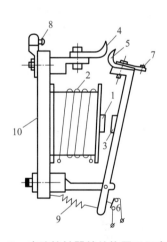 

图 1-1-49　直流接触器的结构原理示意图　　图 1-1-50　直流接触器的双线圈结构原理示意图

1—铁芯;2—线圈;3—衔铁;4—静触点;5—动触点;
6—辅助触点;7,8—接线柱;9—弹簧;10—底板

(2) 触点系统　分为主触点和辅助触点,主触点一般为单极或双极,因为主触点接通和断开的电流较大,所以多采用滚动接触的拍合式的指形触点,如图 1-1-51 所示。主触点在闭合过程中,动触点与静触点先在 A 点接触,然后经 B 点滑动过渡到 C 点;断开时作相反方向的运动,这样就自动清除触点表面的氧化膜,保证了可靠的接触,以延长触点的使用寿命;辅助触点的开关电流小,常使用双断点桥式点接触型,可有若干对,辅助触点的容量较小,主要用在控制电路中起联锁作用,且没有灭弧装置,因此不能用来分合主电路。

（3）灭弧装置 由于直流电弧没有交流电弧那样的自然过零点，所以直流接触器的主触点更难断开大电流直流电路，往往会产生强烈的电弧，容易烧坏触点和延迟断电。为了迅速熄灭电弧，直流接触器一般采用磁吹式灭弧装置，主要由磁吹线圈、引弧角和灭弧罩等组成，如图 1-1-52 所示。

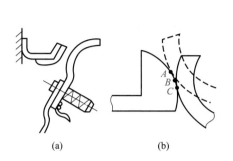

图 1-1-51 拍合式的指形触点结构示意图

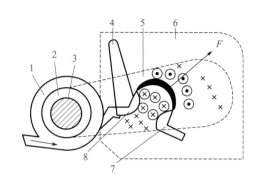

图 1-1-52 直流接触器的灭弧装置结构示意图
1—磁吹线圈；2—绝缘套；3—铁芯；4—引弧角；5—导磁夹板；
6—灭弧罩；7—动触点；8—静触点

2. 直流接触器的工作原理

同交流接触器一样，当线圈通电后产生磁场，使静铁芯磁化产生电磁吸力吸引衔铁吸合，并通过联动机构带动触点动作，使常闭触点断开、常开触点闭合，两者是联动的；当线圈断电或电压显著降低时，电磁吸力消失或减小，衔铁在弹簧的作用下释放，使触点复位。

3. 直流接触器的型号含义

常见的直流接触器为 CZ 系列，下面以常用的 CZ18 系列为例了解一下型号上的字母和数字相关的信息。

三、接触器的图形符号和文字符号

交流接触器和直流接触器在电路中的图形符号和文字符号相同，文字符号用 KM 表示，其图形符号如图 1-1-53 所示。

图 1-1-53 接触器的图形符号和文字符号

四、接触器的使用注意事项

① 要看清楚线圈的额定电压，正确连接电源，否则容易造成接触器不能正常工作或烧坏接触器。

② 主触点的额定工作电流应大于或等于负载电路的电流。

③ 应根据电气原理图的功能要求，正确选择接触器常开和常闭触点的数目，从而满足控制系统的实际需求，接线时要分清楚主触点、常开触点和常闭触点，不要混用或接反。

④ 接触器压接导线时要压紧，接触要牢靠，不要压到线皮或似接非接造成接触不牢靠，这是工作中经常出现的故障点。

⑤ 使用时应注意触点和线圈是否过热，三相主触点一定要保持同步动作，分断时电弧不得太大。

第七节 继电器

继电器是一种根据某种输入信号的变化，接通或断开控制电路，实现自动控制、安全保护或信号转换的电器。继电器的触点容量小（一般在 5A 以下），触点数量多且无主辅触点之分，无灭弧装置，一般不用来直接控制较强电流的主电路，而是通过控制接触器或其他电器间接对主电路进行控制。

一、继电器基本知识

1. 继电器的结构组成

继电器一般由感应机构、中间机构和执行机构三大部分构成。感应机构是能反映一定输入变量（如电流、电压、功率、阻抗、频率、温度、压力、速度、光等）的输入电路；执行机构是能对被控电路实现接通和断开控制的输出电路；中间机构是处在继电器的输入电路和输出电路之间，对输入量进行耦合隔离、功能处理和对输出部分进行驱动的驱动电路。

2. 继电器的种类

继电器的种类很多，按输入量可分为电压继电器、电流继电器、时间继电器、速度继电器、压力继电器等；按工作原理可分为电磁式继电器、感应式继电器、电动式继电器、电子式继电器等；按用途可分为控制继电器、保护继电器等；按输入量变化形式可分为有无继电器和量度继电器；按输出方式可分为有触点式继电器和无触点式继电器。

3. 继电器的型号含义

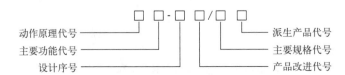

一般继电器型号由六个部分组成，其中常用继电器的动作原理代号见表1-1-1，常用继电器的主要功能代号见表1-1-2，设计序号和主要规格代号均用阿拉伯数字表示，产品改进代号一般用字母A、B、C等表示，派生产品代号用其产品特征的汉语拼音缩写字母表示（例如"长期通电"用字母C表示，"前面接线"用字母Q表示，"带信号牌"用字母X表示）。有的继电器型号只有三个部分，其他技术数据可查阅使用说明书。

表1-1-1 常用继电器的动作原理代号

代号	含义	代号	含义
B	半导体式	J	晶体管或集成电路式
C	磁电式	L	整流式
D	电磁式	S	数字式
G	感应式	W	微机式

表1-1-2 常用继电器的主要功能代号

代号	含义	代号	含义	代号	含义
C	冲击	G	功率	S	时间
CD	差动	L	电流	X	信号
CH	重合闸	LL	零序电流	Y	电压
D	接地	N	逆流	Z	中间

二、电磁式电流继电器

1. 电磁式电流继电器的结构

常用的JL14系列过电流继电器如图1-1-54所示，它主要由线圈、铁芯、衔铁和触点系统组成。电流继电器的线圈是串接在被测电路中的，辅助触点接在控制电路中，电磁铁线圈的导线粗、匝数少、阻抗也较小。

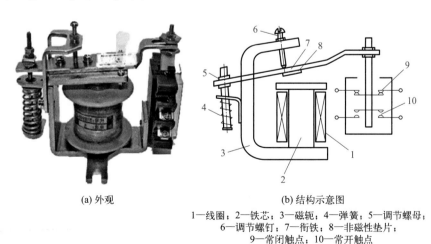

(a) 外观　　　　　　　(b) 结构示意图

1—线圈；2—铁芯；3—磁轭；4—弹簧；5—调节螺母；
6—调节螺钉；7—衔铁；8—非磁性垫片；
9—常闭触点；10—常开触点

图1-1-54 JL14系列过电流继电器外观与结构示意图

2. 电磁式电流继电器的工作原理

若通过电流继电器线圈的电流低于某一整定值时，电磁铁的吸力不足以克服弹簧的反作用弹力，衔铁不动作；若电流超过某一整定值时，电磁铁的吸力大于弹簧的反作用弹力，衔铁被铁芯吸合，带动触点系统中常开触点和常闭触点动作。

按吸合电流的大小，电流继电器又分为过电流继电器和欠电流继电器。过电流继电器在电路正常工作时衔铁不能被吸合，当电流超过某一整定值时衔铁才被吸合动作；欠电流继电器在电路正常工作时衔铁就被吸合动作，当电流小于某一整定值时衔铁才被释放复位。

3. 动作电流、返回电流与返回系数

动作电流是指能够使继电器触点系统开始动作的最小电流，它是可以根据要求在一定的范围内调整的；返回电流是指能够使继电器触点系统返回到原来位置的最大电流；返回系数就是返回电流与动作电流的比值。返回系数过大表示动作机构太灵敏（动作电流小），可能引起误动，抗干扰性差；返回系数过小表示返回电流太小，有可能故障电流恢复至正常电流时装置不能可靠返回，发生误动作。

4. 电流继电器的主要用途

电流继电器除用于电流型保护的场合外，还经常用于按电流原则控制的场合。它作为保护元件广泛应用于电动机、变压器和输电线路的过载和短路的继电保护线路中。

5. 电流继电器的图形符号和文字符号

电流继电器的文字符号用 KA 表示，其图形符号如图 1-1-55 所示。

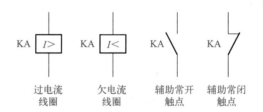

图 1-1-55　电流继电器的图形符号和文字符号

6. 电流继电器的型号含义

电流继电器的种类繁多，型号具体表示方式也不尽相同，下面以 DL-11/10 为例了解一下其型号所表达的相关技术数据信息。

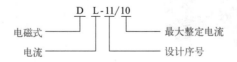

7. 电流继电器的使用注意事项

① 仔细核对电流继电器的铭牌数据，如线圈的额定电压、电流、整定值等参数是否符合要求。

② 安装接线时,将电流继电器的线圈与被测电路串联,触点与控制电路中的负载连接,并检查接线是否正确,使用导线是否适宜,所有安装接线螺钉都应拧紧。

③ 电流继电器通常具有一些可调参数,如动作电流、释放电流、动作时间等,在使用电流继电器时,应根据实际需要进行调整,以确保电流继电器的正常工作。

④ 投入运行前应进行测试,在主电路不带电的情况下,使线圈通电操作几次,看继电器动作是否可靠。

三、电磁式电压继电器

1. 电压继电器的结构

常用的 DY30 系列电压继电器如图 1-1-56 所示,它主要由线圈、铁芯、衔铁和触点系统组成。其结构与电流继电器基本相同,只是其线圈是并接在被测电路中的,辅助触点接在控制电路中,电磁铁线圈的导线较电流继电器线圈的导线细、匝数多、阻抗也较大。

图 1-1-56 DY30 系列电压继电器的外观

2. 电压继电器的工作原理

电压继电器是根据线圈两端电压大小而接通或断开电路,即触点的动作与线圈的动作电压大小有关。电压继电器按线圈电流的种类可分为交流电压继电器和直流电压继电器,按用途可分为过电压继电器和欠电压继电器(或零电压继电器)。

过电压继电器线圈在正常工作电压时,电磁铁芯产生的电磁力小于衔铁弹簧的反作用力,衔铁不能被吸合动作;只有当线圈电压高于某一整定值时,电磁铁芯产生的电磁力大于衔铁弹簧的反作用力,衔铁才被吸合动作。

欠电压继电器在电路工作电压正常时,电磁铁芯产生的电磁力就大于衔铁弹簧的反作用力,其衔铁处于吸合动作状态;当电路电压降低至线圈电压的某一整定值时,电磁铁芯产生的电磁力小于衔铁弹簧的反作用力,衔铁就会被释放复位。

3. 电压继电器的主要用途

欠电压继电器广泛应用于电机拖动系统中的失电压(电压为零)和欠电压(电压下降)保护中;过电压继电器主要用于需要过电压保护(如保护硅管和可控硅元件)的电路中。

4. 电压继电器的型号含义

电压继电器的种类繁多,型号具体表示方式也不尽相同,下面以 DY-32/60C 为例了解一下其型号所表达的相关技术数据信息。

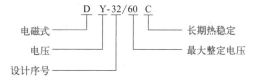

5. 电压继电器的图形符号和文字符号

电压继电器的文字符号用 KV 表示，其图形符号如图 1-1-57 所示。

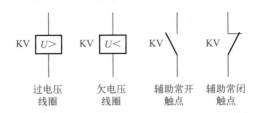

图 1-1-57　电压继电器的图形符号和文字符号

6. 电压继电器的使用注意事项

① 在使用电压继电器前，必须先阅读产品使用说明书，必须遵守产品相关技术数据的额定参数。

② 安装接线时，电压继电器的线圈与被测电路并联，触点与控制电路中的负载连接，并仔细检查电压继电器输入端与输出端的连线是否正确。

③ 对于需要连接其他外部设备的电压继电器，必须遵守与其他设备配合使用的指导标准和要求。

④ 在投入运行前可通过控制信号进行测试，确保继电器正常工作。

四、中间继电器

1. 中间继电器的结构

中间继电器本质上是电压继电器的一种，一般都是没有配置主触点的，也可以把它看作没有主触点的接触器。中间继电器所配置的触点全部都是辅助触点，触点数量比较多，触点的电流容量较小，触点一般都只能通过 5A 以下较小的电流，所以中间继电器一般只能用于控制电路中。图 1-1-58 所示为常用的 JZ7 系列中间继电器的外观。

2. 中间继电器的工作原理

中间继电器的工作原理与交流接触器基本相同，中间继电器的线圈接通了电源以后，其电磁铁芯就会产生电磁力，使衔铁吸合动作；当中间继电器线圈切断了电源以后，其内部弹簧使得衔铁被释放复位。

图 1-1-58　JZ7 系列中间继电器的外观

3. 中间继电器的主要用途

（1）增加触点数量　当其他继电器的触点数或触点容量不够时，可借助中间继电器来扩大它们的触点数或触点容量，从而起到中间信号转换的作用。

（2）进行电气隔离　控制方和被控方无电器上的连接，用小电流来控制大电流，用小电压来控制大电压，对主回路中大电流和大电压进行隔离，从而达到安全控制的目的。

（3）代替小型接触器　中间继电器的触点具有一定的带负荷能力，当负载容量比较小时，可以用来替代小型接触器，比如电动卷闸门和一些小家电的控制。

4. 中间继电器的型号含义

中间继电器有很多种型号，不同的厂家型号也不一样，目前国内常用的比较传统的中间继电器是 JZ 系列，其型号含义如下。

```
        J Z □-□□
        │ │ │ ││
继电器───┘ │ │ │└─ 常闭触点数量
中间──────┘ │ └── 常开触点数量
            └──── 设计序号
```

5. 中间继电器的图形符号和文字符号

旧国标中间继电器的文字符号用 KA 表示，新国标中间继电器的文字符号用 KM 表示。若用 KA 表示，与电流继电器区别是线圈中没有电流 I 的标识符号；若用 KM 表示，与接触器区别是没有主触点。中间继电器的图形符号如图 1-1-59 所示。

6. 中间继电器的使用注意事项

① 根据电路的需求选择适合的中间继电器型号，注意其额定电压、容量和触点类型等技术数据。

② 中间继电器的触点较多，但触点的容量较小，没有主、辅触点之分，也没有灭弧装置，因此只能应用于额定电流小于 5A 的线路中。

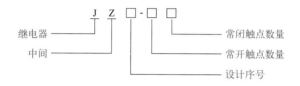

图 1-1-59　中间继电器的图形符号和文字符号

③ 接线时应注意中间继电器的引脚编号，分清线圈、常开触点和常闭触点，电压要匹配，交流可以不分正负极，直流要分清正负极，看清楚接线触点标识。

五、时间继电器

1. 时间继电器的结构与工作原理

时间继电器是一种当加入（或去除）输入动作信号后，输出电路要经过规定的整定时间才产生动作的继电器。时间继电器种类很多，按其动作原理可分为空气阻尼式、电动式和电子式等多种类型，按延时方式可分为通电延时型和断电延时型。

（1）空气阻尼式时间继电器　又称为气囊式时间继电器，利用空气压缩通过小孔节流产生阻力来完成延时。

（2）电动式时间继电器　电动式时间继电器的原理与钟表类似，它是利用内部电动机构带动减速齿轮转动而获得延时的。

（3）电子式时间继电器　又称为晶体管式时间继电器或半导体时间继电器，它是利用半导体元件做成的时间继电器，利用延时电路来完成延时的。图 1-1-60 所示为常用的 JSZ6-2 电子式时间继电器的外观和剖面图。

（4）通电延时型时间继电器　在线圈通电时，延时触点系统不是马上动作的，而是到整定的某一整定时间值时触点系统才动作；在线圈断电时，延时触点系统是马上复位的。

（5）断电延时型时间继电器　在线圈通电时，延时触点系统是马上动作的；在线圈断电时，延时触点系统不是马上复位的，而是到整定的某一整定时间值时触点系统才复位。

图 1-1-60　JSZ6-2 电子式时间继电器的外观和剖面图

2. 时间继电器的主要用途

它的主要功能是作为简单程序控制中的一种执行器件，在电路中起到延时闭合或断开的作用。

3. 时间继电器的型号含义

时间继电器的种类很多，下面以常用的 JS20 晶体管时间继电器为例介绍其型号含义。

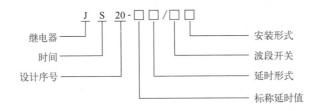

其中：

延时形式——无标注表示通电延时，D 表示断电延时。

波段开关——0 表示无波段开关，1 表示有波段开关。

安装形式——0 表示装置式，1 表示面板式，2 表示外接式，3 表示装置式带瞬动触点，4 表示面板式带瞬动触点，5 表示外接式带瞬动触点。

4. 时间继电器的图形符号和文字符号

时间继电器的文字符号用 KT 表示，其图形符号如图 1-1-61 所示。

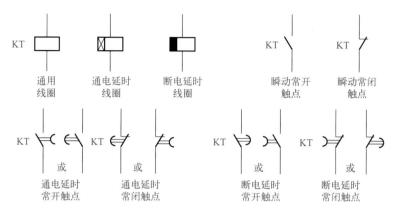

图 1-1-61 时间继电器的图形符号和文字符号

5. 时间继电器的使用注意事项

① 根据控制系统的延时范围和精度选择时间继电器的类型和系列。
② 根据控制方式选择时间继电器的延时方式（通电延时或断电延时）。同时，还必须考虑对瞬时动作触点的要求。
③ 根据控制电路的工作电压，选择时间继电器线圈的电压，时间继电器的触点工作电流应不超过其额定工作电流。
④ 时间继电器的设定时间应在通电前设置好，在延时过程中，不要转动设定旋钮。

六、速度继电器

1. 速度继电器的结构

速度继电器主要由转子、定子和触点系统三部分组成。转子由一块永久磁铁制成，与电动机或机械轴同轴连接，随着电动机或机械轴旋转而转动，用以接收转动信号。定子是笼型空心圆环，由硅钢片冲制叠压铆成并装有笼型绕组，与笼型异步电动机转子相似，定子是浮动的，能围绕着转子转动。图 1-1-62 所示为速度继电器的结构原理示意图。

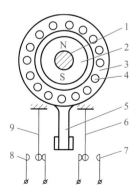

图 1-1-62 速度继电器的结构原理示意图
1—转轴；2—转子；3—定子；4—绕组；5—摆锤；6,9—簧片；7,8—静触点

2. 速度继电器的工作原理

速度继电器与笼型异步电动机的工作原理相同，当转子随电动机转动时，形成旋转磁场与定子笼型绕组相切割，在定子绕组中产生感应电流与转子旋转磁场相互作用，产生电磁转矩，故定子随着转子转动而转动起来。定子转动时带动摆锤，摆锤推动触点系统动作，一般在转子转速达到 120r/min 以上时触点动作，当转子转速低于 100r/min 左右时触点复位。

3. 速度继电器的主要用途

① 速度继电器主要用于三相异步电动机反接制动的控制电路中，它的任务是在电动机转速接近零时切断接触器线圈电源，使电动机停车，否则电动机就会反方向启动。

② 速度继电器可以用来监测船舶、火车的内燃机发动机，以及气体、水和风力涡轮机。在船用柴油机以及很多柴油发电机组的应用中，速度继电器作为一个二次安全回路，当紧急情况发生时，迅速关闭发动机。

4. 速度继电器的型号含义

常用的速度继电器有 JY1 型和 JFZ0 型两种，下面以常用的 JFZ0 型速度继电器为例，介绍一下速度继电器型号的具体含义。

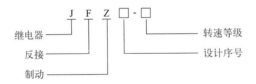

5. 速度继电器的图形符号和文字符号

速度继电器的文字符号用 KS 表示，其图形符号如图 1-1-63 所示。

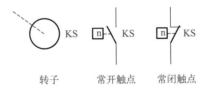

图 1-1-63　速度继电器的图形符号和文字符号

6. 速度继电器的使用注意事项

① 速度继电器主要根据所需控制转速的大小、触点数量和电压、电流来选择。

② 安装时，速度继电器的转轴应与电动机同轴连接，使两轴的中心线重合，速度继电器的轴可用联轴器与电动机的轴连接。

③ 接线时，应注意正反向触点不能接错，否则不能起到反接制动时接通和断开反向电源的作用。

④ 速度继电器的外壳应可靠接地。

章节测试

1. QS、QF、SB、SQ、FU、FR、KM、KT、KA、KU、KS 各表示什么低压电器？画出它们的图形符号。
2. 在电动机控制电路中，熔断器为什么不能作过载保护？热继电器为什么不能作短路保护？
3. 熔断器的熔体电流值如何整定？热继电器的热元件电流值如何整定？
4. 简述空气开关的工作原理和用途。
5. 简述电感式和电容式接近开关的用途。
6. 中间继电器和接触器有什么区别？在什么情况下可以用中间继电器代替接触器？
7. 过电流继电器和欠电流继电器的动作原理有什么区别？
8. 过电压继电器和欠电压继电器的动作原理有什么区别？
9. 通电延时继电器和断电延时继电器有什么区别？
10. 常用速度继电器的转速动作值和复位值是多少？

第一章动画

第二章
常用电动机

电机与电气控制技术

电动机是依据电磁感应定律来实现把电能转换成机械能的一种电磁设备，其关键是产生驱动转矩，作为用电器或各种机械的动力源，是机械装备上不可或缺的组件之一。电动机的发明和应用为人们的生活提供了很多便利，对人类来说具有极大的意义，可以说它为人类生活带来了翻天覆地的变化。本章主要介绍常用的直流电机、三相异步电动机、单相异步电动机、伺服电动机和步进电动机的结构、工作原理及控制方式。

 学习目标

1. 了解常用电动机的分类、铭牌参数及应用场合。
2. 了解直流电动机、三相异步电动机、分相式与罩极式单相异步电动机、交流与直流伺服电动机和步进电动机的基本结构与工作原理。
3. 掌握他励直流电动机、三相异步电动机、分相式单相异步电动机、交流与直流伺服电动机和步进电动机的启动、反转、制动及调速的控制方式。
4. 能正确选用直流电动机、三相异步电动机、单相异步电动机、伺服电动机和步进电动机。

 知识图谱

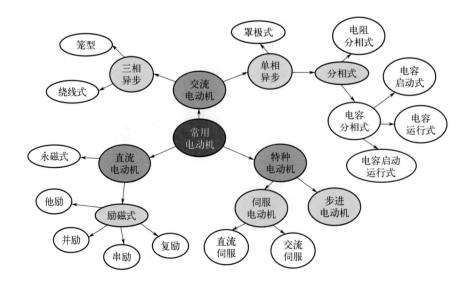

第一节　直流电机

直流电机是电机的主要类型之一，既可作为电动机使用，也可作为发电机使用。用作直流电动机，可以将直流电能转换为机械能；用作直流发电机，可以得到直流电源。因其良好的调速性能，在许多调速性能要求较高的场合，直流电机仍得到广泛使用。

一、直流电机的结构

常用的中小型直流电机的结构主要由定子（运行时静止不动的部分）和转子（运行时转动的部分）两个部分组成。图 1-2-1 所示为直流电机的基本结构剖面图，图 1-2-2 所示为直流电机的横剖面结构示意图。

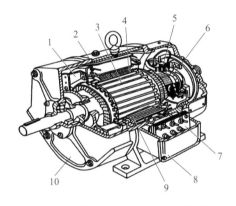

图 1-2-1　直流电机的基本结构剖面图
1—风扇；2—机座；3—电枢；4—主磁极；5—刷架；
6—换向器；7—接线板；8—出线盒；
9—换向极；10—端盖

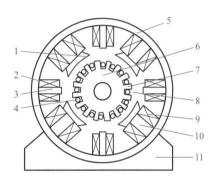

图 1-2-2　直流电机的横剖面结构示意图
1—极靴；2—换向极绕组；3—换向极；4—电枢绕组；
5—铁轭；6—电枢铁芯；7—电枢齿；8—电枢槽；
9—励磁绕组；10—主磁极；11—底脚

1.定子

定子主要由主磁极、换向极、电刷装置、机座、端盖等部分组成，定子的主要作用是产生磁场。

（1）主磁极　如图 1-2-3 所示，它主要由铁芯和套装在铁芯上的励磁绕组（电机中专门为产生磁场而设置的线圈绕组称为励磁绕组）构成。主磁极的个数一定是偶数，极数有 2 极、4 极、6 极等。为了减少转子转动时由齿槽移动引起的铁损，铁芯采用 1～1.5mm 厚的低碳钢板冲压成一定形状叠压铆成，并用螺栓固定在机座上。

（2）换向极　又称间极，其结构和主磁极类似。如图 1-2-4 所示，它由换向极铁芯和套在铁芯上的换向极绕组构成，换向极的个数一般与主磁极的极数相等，通常在两个主磁极的中间装一个换向极，在功率很小的直流电机中，也有不装换向极的。铁芯一般采用整块扁钢，大容量电动机才采用薄钢片冲制叠压铆成。换向极的绕组匝数较少、导线较粗，与电枢绕组串联。当电枢绕组中的线圈电流换向时，与该线圈相连的换向片同电刷之间会产生有害的火花，换向极的作用是减小火花，改善换向性能。

（3）电刷装置　如图 1-2-5 所示，它主要由刷杆座、刷杆、刷握和电刷等部分组成。刷杆座固定在端盖上，刷杆装在刷杆座上，刷杆的根数与主磁极的数目相等。刷握用螺钉固定在刷杆上，每根刷杆上装有一个或几个刷握，视电动机的容量大小而定。电刷是石墨或金属石墨组成的导电块，放在刷握内用弹簧以一定的压力按放在换向器的表面，旋转时与换向器表面形成滑动接触。每一刷杆上的一排电刷组成一个电刷组，同极性的各刷杆用连线连在一起，再引到出线盒。

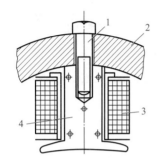 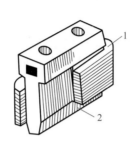 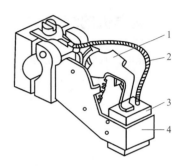

图 1-2-3　主磁极结构示意图　　　图 1-2-4　换向极结构示意图　　　图 1-2-5　电刷装置结构示意图
1—固定螺钉；2—机座；3—励磁　　1—换向极绕组；2—换向极铁芯　　1—压紧弹簧；2—刷辫（铜丝辫）；
绕组；4—主磁极铁芯　　　　　　　　　　　　　　　　　　　　　　3—电刷；4—刷握

（4）机座　支撑整个电动机，还是磁路的一部分，由于钢比铸铁的导磁性能好，所以机座大多采用厚钢板焊接或铸钢件制成。

（5）端盖　通常用铸铁制成，电动机机座的两端各装有一个端盖，用以保护电动机免受外界损害，同时支撑轴承，固定电刷装置，将定转子连为一体。

2. 转子

转子主要由电枢铁芯、电枢绕组、换向器、转轴和风扇等部分组成，转子的主要作用是产生感应电动势和电磁转矩，是直流电机进行能量转换的枢纽，所以通常又称为电枢。

（1）电枢铁芯　如图 1-2-6 所示，电枢铁芯采用 0.5mm 的硅钢片冲制叠压铆成，先冲制成电枢冲片，然后再叠压铆成铁芯，硅钢片涂有绝缘漆，片间相互绝缘。电枢铁芯的外圆周上有均匀分布的槽孔，用来嵌放电枢绕组的线圈。

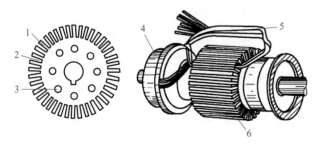 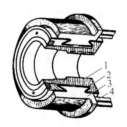

图 1-2-6　电枢铁芯冲片（左）和电枢转子（右）结构示意图　　　图 1-2-7　换向器的结构示意图
1—齿；2—槽；3—轴向通风孔；4—换向器；　　　　　　　　　　1—V 形套筒；2—云母环；
5—电枢绕组；6—电枢铁芯　　　　　　　　　　　　　　　　　3—换向片；4—连接片

（2）电枢绕组　电枢绕组用铜线或铜排先绕成线圈，嵌入电枢铁芯的槽内，槽内导线与槽壁之间需要很好的绝缘，然后按一定规则与换向片相连而成。

（3）换向器　换向器又称整流子。如图 1-2-7 所示，它主要由紧压在一起的许多换向片排列成一个圆筒，片间用云母片（小型电机常用塑料）绝缘，电枢绕组每一个线圈两端区分接在两个换向片上。在直流电动机中，换向器的作用是将电刷上的直流电源的电流变换成电枢绕组内的交变电流，使电磁转矩倾向稳定不变；在直流发电机中，换向器的作用是将电枢绕组交变电动势变换为电刷上输出的直流电动势。

二、直流电动机的工作原理

图 1-2-8 所示为简单的两极直流电动机的物理模型，由主磁极、电枢、电刷和换向片等组成。定子是一对由直流励磁绕组产生的恒定主磁极 N 极和 S 极；电枢绕组（转子绕组）a-b-c-d 是固定在可旋转导磁圆柱体（转子铁芯）上的线圈，电枢绕组的首端和末端分别连接于两个圆弧形的换向片上。换向片之间互相绝缘，在换向片上放置一对固定不动的电刷 A 和 B，当电枢旋转时，换向片随电枢一起转动，而电刷固定不动，直流电源通过电刷和换向片向电枢绕组供电。

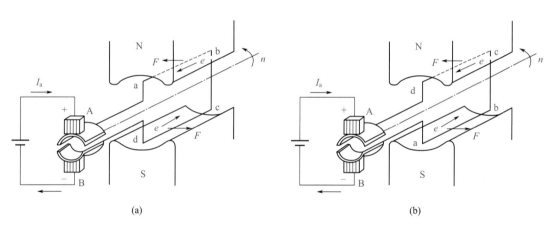

图 1-2-8　直流电动机的物理模型

直流电动机运行时，将直流电源接到两电刷上，由于换向器配合电刷对电流的换向作用，直流电流交替地由导体 ab 和 cd 流入，使线圈有效边只要处于 N 极下，其中通过电流的方向总是由电刷 A 流入的方向，而在 S 极下方时，总是从电刷 B 流出的方向。这就保证了每个磁极下线圈有效边中的电流始终是一个方向，从而形成一种方向不变的电磁转矩，使电动机能连续地旋转，这就是直流电动机的工作原理。

三、直流发电机的工作原理

直流发电机的模型与直流电动机相同，不同的是电刷上不加直流电源，而是利用原动机拖动电枢朝某一方向旋转。

图 1-2-9 所示为简单的两极直流发电机的物理模型，当原动机拖动电机转子旋转时，电枢线圈中的感应电动势的方向是交变的，而通过换向器和电刷的作用，与电刷 A 接触的导体总是位于 N 极下，与电刷 B 接触的导体总是位于 S 极下，电刷 A 的极性总是正的，电刷 B 的极性总是负的，在电刷 A、B 两端可获得方向不变的直流电动势，这就是直流发电机的基本工作原理。

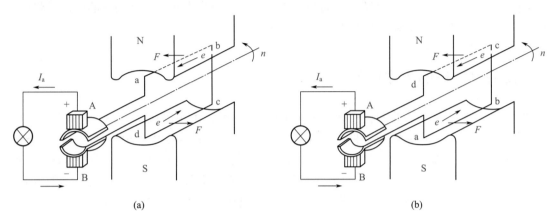

图 1-2-9 直流发电机的物理模型

实际直流电机的电枢根据实际需要有多个线圈，线圈分布在电枢铁芯表面的不同位置，按照一定的规律连接起来，构成发电机的电枢绕组。磁极可以根据需要使多对 N、S 极交替对称分布。

从以上分析可见：一台直流电机原则上既可以作为电动机运行，也可以作为发电机运行，取决于外界不同的条件。

四、直流电动机的励磁方式

直流电动机的励磁方式是指如何给励磁绕组供电，从而产生励磁磁通势而建立主磁场。根据励磁方式的不同，直流电动机可分为他励、并励、串励和复励四种类型，不同励磁方式的直流电动机有着不同的特性。四种类型的励磁方式的电路如图 1-2-10 所示。

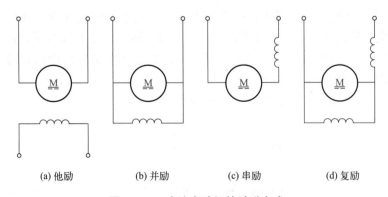

图 1-2-10 直流电动机的励磁方式

1. 他励直流电动机

他励励磁方式的电路如图 1-2-10（a）所示，他励直流电机的励磁绕组与电枢绕组之间无连接关系，励磁绕组与电枢绕组分别由两个直流电源供电，励磁电流不受电枢端电压或电枢电流的影响。永磁直流电动机也可看作他励直流电动机。

他励直流电动机励磁回路采用单独的电源供电，常用于需要宽调速的系统。

2. 并励直流电动机

并励励磁方式的电路如图 1-2-10（b）所示，并励直流电动机的励磁绕组与电枢绕组相并联，共用同一个直流电源，励磁电压等于电枢绕组端电压，励磁电流随电枢两端的电压的变化而变化。

并励直流电动机从性能上讲与他励直流电动机相同。并励直流电动机转速基本恒定，一般用于转速变化较小的负载。

3. 串励直流电动机

串励励磁方式的电路如图 1-2-10（c）所示，串励直流电动机的励磁绕组与电枢绕组串联后，再接于直流电源，这种直流电动机的励磁电流就是电枢电流。

串励直流电动机启动和过载能力较大，转速随负载变化明显。缺点是空载时转速过高，从而产生"飞车"现象。

4. 复励直流电动机

复励励磁方式的电路如图 1-2-10（d）所示，复励直流电动机有并励和串励两个励磁绕组，并励绕组与电枢绕组并联后，再与串励绕组相串联，后接于直流电源。若串励绕组产生的磁通势与并励绕组产生的磁通势方向相同，则称为积复励；若两个磁通势方向相反，则称为差复励，差复励连接方式很少使用。

以并励为主的复励电机，具有较大转矩，转速变化不大，多用于机床等；以串励为主的复励电动机具有接近串励电动机的特性，但无"飞车"危险。

五、直流电动机的运行状态

1. 满载运行

直流电机运行时，如果各物理量都达到其额定值的运行状态，称额定运行状态，亦称满载运行。电动机在实际运行时，由于负载的变化，往往不是总在额定状态下运行的。

2. 轻载运行

流过电动机的电流小于额定电流值的运行状态，称为轻载运行。长期轻载运行，电动机没有得到充分利用，效率降低，不经济。

3. 过载运行

流过电动机的电流超过额定电流值的运行状态，称为过载运行状态。长期过载运行，容易导致电动机过热而烧坏电动机。

六、直流电动机的电枢电动势和电磁转矩

1. 电枢电动势

直流电动机的电枢电动势是指正负电刷之间的感应电动势,感应电动势是电枢绕组导体切割磁力线产生的。直流电动机电枢电动势的数学表达式见式（1-2-1）。

$$E_a = C_e \Phi n \tag{1-2-1}$$

式中　E_a——电枢感应电动势,V;
　　　C_e——电动势系数,与电动机的结构有关的常数;
　　　Φ——每极通量,Wb;
　　　n——电动机转速,r/min。

由式（1-2-1）可知,直流电动机在旋转时,电枢电动势 E_a 的大小与每极磁通 Φ 和电动机转速 n 的乘积成正比,电动势的方向与电枢电流方向相反。

2. 电磁转矩

① 直流电动机的电枢绕组中通入电流后,在磁场中将受到电磁力的作用,该力乘以电枢铁芯的半径即为电磁转矩。直流电动机电磁转矩的数学表达式见式（1-2-2）。

$$T = C_T \Phi I_a \tag{1-2-2}$$

式中　T——电磁转矩,N·m;
　　　C_T——转矩系数,与电动机的结构有关的常数;
　　　I_a——电枢电流,A。

由式（1-2-2）可知,直流电动机的电磁转矩 T 的大小与每极磁通 Φ 和电枢电流 I_a 的乘积成正比,电磁转矩的方向由左手定则决定。

② 直流电动机电磁转矩 T 与轴上输出功率 P 和转速 n 关系的数学表达式见式（1-2-3）。

$$T = 9550 \frac{P}{n} \tag{1-2-3}$$

式中　P——电动机轴上输出功率,kW。

七、直流电动机的铭牌数据

直流电动机的铭牌钉在电动机机座的外壳面上,其上标明电机主要额定数据及电机产品相关数据,供用户使用时参考。如图 1-2-11 所示,铭牌数据主要包括:电机型号、额定功率、额定电压、额定电流、额定转速和额定励磁电流及励磁方式等,此外还有电机的出厂数据,如出厂编号、出厂日期等。

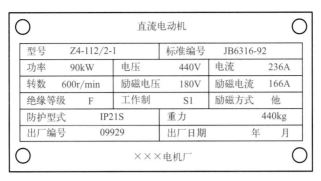

图 1-2-11 直流电动机的铭牌示意图

1. 直流电动机的型号含义

直流电动机型号由若干字母和数字所组成,用以表示电机的系列和主要特点。根据电机的型号,便可以从相关手册及资料中查出该电机的有关技术数据。

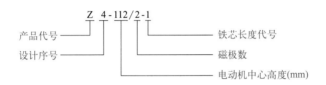

其中:

产品代号——Z 系列,一般用途直流电动机(如 Z2、Z3、Z4 等系列);ZY 系列,永磁直流电机;ZJ 系列,精密机床用直流电机;ZT 系列,广调速直流电动机;ZQ 系列,直流牵引电动机;ZH 系列,船用直流电动机;ZA 系列,防爆安全型直流电动机;ZKJ 系列,挖掘机用直流电动机;ZZJ 系列,冶金起重机用直流电动机。

电枢铁芯长度代号——铁芯长度用阿拉伯数字 1、2、3、4 等由长至短分别表示。

2. 直流电动机的额定值

额定值一般标在电机的铭牌上,故又称为铭牌数据。还有一些额定值,例如额定转矩 T_N、额定温升 τ_N 等,不一定标在铭牌上,但它们也是额定值,可查产品说明书或由铭牌上的数据计算得到。

(1) 额定电压 U_N　电动机在额定工作情况下,电枢出线端加的直流电压,单位为 V。

(2) 额定电流 I_N　电动机在额定电压、额定功率时,转子回路端线上的电流(不一定是电枢电流,得看励磁方式),单位为 A。

(3) 额定功率 P_N　电动机在额定工作情况下,电动机轴上输出的机械功率,单位为 kW(或 W),数学表达式见式(1-2-4)。

$$P_N = U_N I_N \eta_N \tag{1-2-4}$$

(4) 额定效率 η_N　电动机在额定工作情况下的效率,用百分比(%)来表示。

(5) 额定转速 n_N　电动机在额定工作情况下转子的转速,单位为 r/min。

(6) 额定励磁电压 U_{fN}　指电机在额定状态时的励磁电压值,单位为 V。(仅对他励电机适用。)

八、他励直流电动机的启动

1. 直接启动

电动机的启动是指电动机接通电源后,由静止状态加速到稳定运行状态的过渡过程。直流电动机的直接启动电流很大,通常可达到额定电流的 10～20 倍。

电动机在启动瞬间($n=0$)的电磁转矩称为启动转矩,其数学表达式见式(1-2-5)。

$$T_{st} = C_T \Phi I_{st} \tag{1-2-5}$$

式中 T_{st}——启动转矩,N·m;

C_T——转矩系数,与电动机的结构有关的常数;

Φ——每极通量,Wb;

I_{st}——启动电流,A。

启动瞬间的电枢电流称为启动电流,其数学表达式见式(1-2-6)。

$$I_{st} = \frac{U - E_a}{R_a} = \frac{U}{R_a} \tag{1-2-6}$$

式中 I_{st}——启动电流,A;

U——电枢端电压,V;

E_a——电枢电动势,V;

R_a——电枢电阻,Ω。

过大的启动电流会引起电网电压下降,影响电网上其他用户的正常用电;会使换向器产生火花,使电动机的换向严重恶化,甚至会烧坏电动机;同时会产生过大的冲击转矩,使机组受到机械冲击,会损坏电枢绕组和传动机构。

2. 电枢回路串联电阻启动

为了限制启动电流,常在电枢回路内串入专门设计的可变电阻,在启动过程中随着转速的不断升高及时逐级将各分段电阻短接,使启动电流限制在某一允许值以内,这种启动方法称为串电阻启动,其数学表达式见式(1-2-7)。

$$I_{st} = \frac{U}{R_a + R_{st}} \tag{1-2-7}$$

式中,电阻启动 R_{st} 值应使 I_{st} 不大于允许值,对于普通直流电动机,一般要求 $I_{st} \leq (1.5～2)I_N$。启动电阻的级数越多,启动过程就越快且越平稳。图 1-2-12 所示为采用三级电阻启动时电动机的电路原理图。

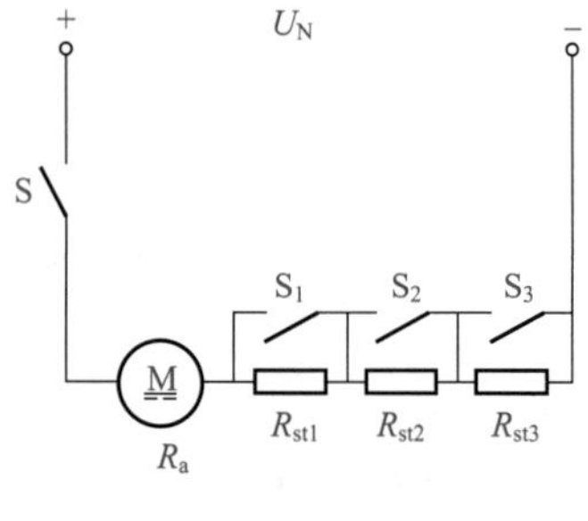

图 1-2-12 他励电动机串电阻多级启动电路

3. 降低电枢电压的启动

对容量较大的直流电动机,通常采用降电压启动,即由单独的可调压直流电源对电机电枢供电,控制电源电压既可使电机平滑启动,又能实现调速。这种启动方式消耗能量小,启动平滑,但需要专用的电源设备,这种方式只适用于他励电动机。

九、他励直流电动机的反转

电动机要想实现反转，就得使电磁转矩的方向发生改变，由式（1-2-2）可知，只要改变磁通 Φ 和电枢电流 I_a 任意一个参数的方向，就能改变电磁转矩的方向。

（1）电枢电压反接法　保持励磁绕组的端电压极性不变，通过改变电枢绕组端电压的极性，使得电枢电流反向，从而改变电磁转矩的方向，使电动机反转。

（2）励磁电压反接法　保持电枢绕组端电压的极性不变，通过改变励磁绕组端电压的极性，使得励磁电流反向，从而改变磁极磁通的方向，使电动机反转。

注意：当两者的电压极性同时改变时，则电动机的旋转方向不变。他励直流电动机一般采用电枢电压反接法来实现正反转，不宜采用励磁电压反接法来实现正反转，原因是他励直流电动机的励磁绕组匝数较多，电感量较大，当励磁电压反接时，在励磁绕组中便会产生很大的感生电动势，这将会损坏线路开关和励磁绕组的绝缘。

十、他励直流电动机的制动

电动机的制动方式主要有机械制动和电气制动两大类，机械制动是通过机械装置来卡住电机主轴，使其减速，如电磁抱闸、电磁离合器等电磁制动器。在实际应用中，电动机制动时多采用电气制动，常用的电气制动方式有能耗制动、反接制动和回馈制动三种，如图 1-2-13～图 1-2-15 所示。

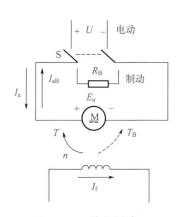

图 1-2-13　能耗制动电路原理图

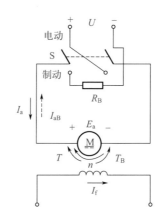

图 1-2-14　反接制动电路原理图

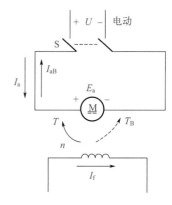

图 1-2-15　回馈制动电路原理图

1. 能耗制动

电动机制动时，电机靠生产机械惯性力的拖动而发电，将机械轴上的动能转换成电能，电动机相当于发电机，通过在电动机的电枢回路中串接电阻，将电能消耗在所串接电阻上，直到电机停止转动为止，这种制动方式称为能耗制动，其制动电路原理如图 1-2-13 所示。能耗制动电枢电流的数学表达式见式（1-2-8）。

$$I_{aB} = \frac{-E_a}{R_a + R_B} \quad (1\text{-}2\text{-}8)$$

式中　I_{aB}——制动电流，A；
　　　E_a——电枢电动势，V；
　　　R_a——电枢电阻，Ω；
　　　R_B——制动电阻，Ω。

2. 反接制动

电动机制动时，将电枢的电源正负极对调反接，同时接入制动电阻，使得电枢电流的方向发生改变，这样电磁转矩的方向也改变，变为制动转矩，从而实现制动作用，这种制动方式称为反接制动，其制动电路原理如图 1-2-14 所示。反接制动电枢电流的数学表达式见式（1-2-9）。

$$I_{aB} = \frac{-U - E_a}{R_a + R_B} \tag{1-2-9}$$

3. 回馈制动

回馈制动又称再生制动，是一种比较经济的制动方法，制动时不需改变线路即可从电动运行状态自动地转入发电制动状态，把机械能转换成电能再回馈到电网，其原理如图 1-2-15 所示。回馈制动电枢电流的数学表达式见式（1-2-10）。

$$I_a = \frac{U - E_a}{R_a} = -\frac{E_a - U}{R_a} \tag{1-2-10}$$

直流电动机的三种电气制动方法在不同的情况下有各自的优缺点，它们的优缺点和应用场合比较，见表 1-2-1。

表 1-2-1　他励直流电动机制动方法的比较和应用场合

制动方法	优点	缺点	应用场合
能耗制动	控制线路较简单，制动减速平稳可靠；当转速减至零时，制动转矩也减小到零，便于实现准确停车	制动转矩随转速下降成正比地减小，影响制动效果	能耗制动适用于不可逆运行，制动减速要求较平稳的情况下
反接制动	制动转矩较恒定，制动迅速强烈，效果好；倒拉反接制动的转速可以很低，安全性好	转速为零时，若不及时切断电源，会自行反向加速；倒拉反接制动从电网吸收大量电能	反接制动适用于要求迅速反转，或要求较强烈制动的场合；倒拉反接制动可应用于吊车以较慢的稳定转速下放重物时
回馈制动	不需要改接线路即可从电动状态自行转化到制动状态；电能可反馈回电网，简便可靠而经济	制动只能产生在 $n > n_0$ 时，应用范围较窄；不能实现停车	回馈制动适用于位能负载的稳定高速下降；在调速过程中，开始可能出现过渡性回馈制动状态

十一、他励直流电动机的调速

直流电动机调速是指电动机在一定负载的条件下,根据需要人为地改变电动机的转速。他励直流电动机的转速的数学表达式见式(1-2-11)。

$$n = \frac{U - IR}{K\Phi} \quad (1\text{-}2\text{-}11)$$

式中 n——转速,r/min;
U——电枢端电压,V;
I——电枢回路电流,A;
R——电枢回路总电阻,Ω;
K——转速系数,与电动机结构参数有关的常数;
Φ——每极磁通量,Wb。

式中 U、R、Φ 三个参数都可以成为变量,只要改变其中一个参数,就可以改变电动机的转速,所以直流电动机有降低电枢电压调速、电枢回路串电阻调速和减弱励磁磁通调速三种基本调速方法。

1. 降低电枢电压调速

电枢回路必须有可调压的直流电源,电动机的工作电压是不允许超过额定值的,所以电压只能往小调而不能往大调,电压降低后转速下降,其他不变。负载变化时转速保持稳定,连续改变电枢供电电压,可以使直流电动机在很宽的范围内实现无级调速。

2. 电枢回路串电阻调速

当负载一定时,随着串入的外接电阻 R 的增大,电枢回路总电阻增大,电动机转速就降低。串电阻越大,转速越低,损耗能量也越多,效率越低。调速范围受负载大小影响,负载大调速范围广,负载小调速范围窄。

3. 减弱励磁磁通调速

额定运行的电动机,其磁路已基本饱和,即使励磁电流增加很多,磁通也增加很少,从电动机的性能方面考虑也不允许磁路过饱和,一般直流电动机,为避免磁路过饱和只能弱磁调速,而不能强磁调速。弱磁调速时,保持电动机的励磁电压、电枢电压和电枢回路的电阻不变,增加励磁回路电阻,使励磁电流和磁通减小,电动机转速随即升高。

常见的他励直流电动机的三种调速方法的比较和适用范围,见表1-2-2。

表1-2-2 他励直流电动机调速方法的比较和适用范围

比较项	调速方法		
	降低电枢电压调速	电枢回路串电阻调速	减弱励磁磁通调速
调速方向	从额定转速 n_N 向下调	从额定转速 n_N 向下调	从额定转速 n_N 向上调
调速平滑性	好	差	好
调速稳定性	好	差	较好

续表

比较项	调速方法		
	降低电枢电压调速	电枢回路串电阻调速	减弱励磁磁通调速
电能损耗	较小	大	小
输出	恒转矩	恒转矩	恒功率
特点及适用范围	可实现无级调速，调速范围较宽，调压电源设备复杂、成本高，因调速性能优越，被广泛应用	为有级调速，设备简单、成本低，但功率损耗大、效率较低，只应用于对调速性能要求不高的中小功率的电动机	可实现无级调速，但调速范围较窄，只适用于从额定转速 n_N 向上的调速

第二节 三相异步电动机

三相异步电动机是最为常见的一种电动机，具有结构简单、运行可靠、功率大、效率高、控制方便等特点，广泛应用于各种机械和自动化设备中。图 1-2-16 所示为三相笼型异步电动机的外观。

图 1-2-16 三相笼型异步电动机的外观

一、三相异步电动机的结构

三相异步电动机的基本结构主要由定子和转子两个部分组成，转子装在定子内腔里，借助轴承被支撑在两个端盖上。为了保证转子能在定子内自由转动，定子和转子之间必须有一间隙，称为气隙。图 1-2-17 所示为三相笼型异步电动机主要部件的分解图。

1. 定子（静止部分）

定子主要由定子铁芯、定子绕组、机座和端盖等部分组成。

（1）定子铁芯　如图 1-2-18 所示，为减小在铁芯中引起的损耗，铁芯用很多圆环状的 0.35～0.5mm 厚高导磁硅钢片冲制叠压铆成，硅钢片的内圆上冲有均匀分布的槽孔用来放置定子绕组（定子线圈）。硅钢是软磁材料制成的，剩磁小以减少磁滞损耗，硅钢片涂有绝缘漆相互绝缘以减小交变磁通引起的铁芯涡流损耗。

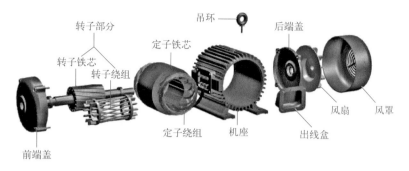

图 1-2-17　三相笼型异步电动机主要部件的分解图

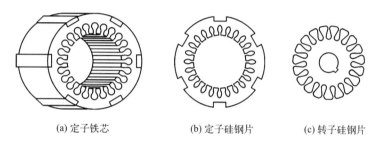

图 1-2-18　定子铁芯和硅钢片结构示意图

（2）定子绕组　中小型电动机的绕组一般由漆包线绕制而成，共有三相绕组，对称嵌放在定子铁芯的槽孔内，在定子铁芯内圆周空间彼此相隔 120°。三相绕组共有六个出线端，分别引出接在置于电动机机座外壳的接线盒内的接线柱上。

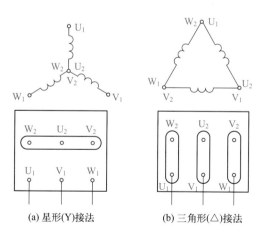

图 1-2-19　定子绕组的星形和三角形联结接线图

通常三相绕组的首端分别用 U_1、V_1、W_1 表示，其对应的尾端分别用 U_2、V_2、W_2 表示，其接法根据电动机的额定电压和三相电源电压而定，可以连接成星形（Y）或三角形（△）。如图 1-2-19 所示，为了方便用转接片进行三角形接线，三相绕组首端和尾端引出到电动机接线盒中时，采用不对应原理，同一绕组首端和尾端错开，即 U_1-W_2，V_1-U_2，W_1-V_2。

（3）机座（机壳） 是电动机的外壳和支架，它的主要作用是固定和保护定子铁芯、定子绕组并支撑端盖，为了增加散热面积，在机座外表面装有散热片。

（4）端盖 由铸铁或铸钢浇铸成型，分布在电动机的两端，用于把转子固定在定子内腔中心，使转子能够在定子中均匀地旋转。

（5）轴承盖 由铸铁或铸钢浇铸成型，用于固定转子，使转子不能轴向移动；还具有存放润滑油和保护轴承的作用。

（7）接线盒 一般由铸铁浇铸，用于保护和固定绕组引出线端子。

（8）吊环 一般用铸钢制造，安装在机座的上端，用来起吊、搬抬三相电动机。

2. 转子（转动部分）

三相异步电动机的转子主要由转子铁芯、转子绕组、转轴和风扇等部分组成。

（1）转子铁芯 与定子铁芯一样也是用 0.35～0.5mm 厚的硅钢片冲制叠压铆成，与定子铁芯不同的是，转子铁芯冲片上的槽孔开在冲片的外圆上，叠制后的转子铁芯外圆柱面上均匀地形成许多形状相同的槽孔，用以放置转子绕组（转子线圈）。

（2）转子绕组 按其结构可分为笼式（笼型）绕组和绕线式绕组两种类型。

① 笼型转子绕组是在转子槽孔中嵌放金属导条，再在铁芯两端分别用两个短接的端环连接成一个整体，这样形成一个自身闭合的多相短路绕组，如图 1-2-20 所示。笼式转子绕组自行闭合，不必由外界电源供电，如去掉铁芯其外形像一个笼，故称笼式转子（又称笼型转子）。

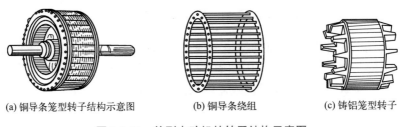

(a) 铜导条笼型转子结构示意图　　(b) 铜导条绕组　　(c) 铸铝笼型转子

图 1-2-20　笼型电动机的转子结构示意图

② 绕线式转子绕组与定子绕组相似，也是一个对称的三相绕组，对称嵌放在转子铁芯槽孔中，一般接成星形，如图 1-2-21 所示。将三相绕组的三个尾端连接在一起，三个首端分别接到装在转轴上的三个铜制集电环（滑环）上，集电环随转轴一起运转，集电环与固定不动的电刷摩擦接触，通过电刷与外电路相连接。

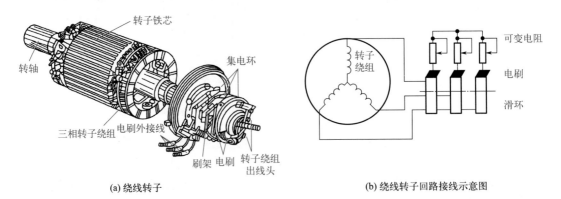

(a) 绕线转子　　(b) 绕线转子回路接线示意图

图 1-2-21　绕线式电动机的转子结构示意图

（3）转轴　嵌套在转子铁芯的中心，用以传递转矩及支撑转子的重量，一般由中碳钢或合金钢制成。

3. 气隙

定子和转子间的空气隙，通常为 0.2～1.5mm。气隙太大，运行时功率因数会降低；气隙太小，装配困难，运行不可靠，使附加损耗增加以及使启动性能变差。

二、三相异步电动机的工作原理

1. 旋转磁场的产生

将对称三相绕组接入对称三相正弦交流电源，在三相绕组中便产生对称三相电流，大小相等，相位依次相差120°，对称三相电流数学表达式见式（1-2-12），对称三相电流波形如图 1-2-22 所示。

$$\begin{cases} i_U = \sqrt{2}I\sin\omega t \\ i_V = \sqrt{2}I\sin(\omega t - 120°) \\ i_W = \sqrt{2}I\sin(\omega t + 120°) \end{cases} \quad (1\text{-}2\text{-}12)$$

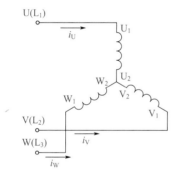
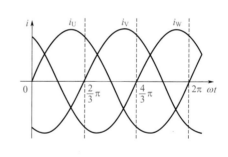

图 1-2-22　三相定子绕组及其电流波形

如图 1-2-23 所示，三相二极异步电动机，通入对称三相交流电流，产生一对磁极（磁极

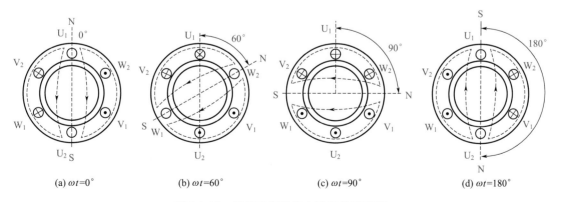

(a) $\omega t=0°$　　(b) $\omega t=60°$　　(c) $\omega t=90°$　　(d) $\omega t=180°$

图 1-2-23　三相二极异步电动机旋转磁场

对数 $P=1$）合成的随时间变化的旋转磁场。旋转磁场的转向与三相绕组的排列以及三相电流的相序有关，图中 U、V、W 三相绕组以顺时针方向排列，当定子绕组中通入 U—V—W—U 相序的对称三相电流时，定子产生的旋转磁场以顺时针方向旋转。

旋转磁场的转向总是从电流超前的相移向电流滞后的相，如果将三相的三个引出线任意两个对调再接向电源，即通入三相绕组的电流相序相反，则旋转磁场的转向也跟着相反。

2. 电磁转矩的产生

如图 1-2-24 所示，定子、转子上的小圆圈表示定子绕组和转子导体，"×"表示电流垂直页面向里流入，"·"表示电流垂直页面向外流出。

启动时转子是静止的，转子与旋转磁场之间有相对运动，转子导体因切割旋转磁场而产生感应电动势，因转子绕组自身闭合，故转子绕组内有电流流通，在旋转磁场作用下，将产生电磁力，对转轴形成一个电磁转矩，其作用方向与旋转磁场方向一致。

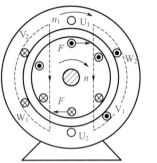

图 1-2-24 感应电动机的工作原理

3. 三相感应电动机转动的基本工作原理

当电动机的定子三相绕组中通入三相对称交流电后，产生一个圆形旋转磁场；转子绕组切割旋转磁场，从而感应出电动势，产生感应电流；载流的转子导体在磁场中受到电磁力的作用，从而在电机转轴上形成电磁转矩，驱动电动机旋转，且电动机旋转方向与旋转磁场方向相同。

三、三相异步电动机的转速

1. 同步转速

旋转磁场的转速称为同步转速，其数学表达式见式（1-2-13）。

$$n_1 = \frac{60f}{P} \tag{1-2-13}$$

式中　n_1——同步转速；
　　　f——交流电源的频率，我国工频电源频率为 50Hz；
　　　P——磁极对数，磁极对数由三相定子绕组的布置和连接决定。

工频电源同步转速 n_1 与磁极对数 P 的关系，见表 1-2-3。

表 1-2-3　工频电源同步转速与磁极对数的关系

磁极对数 P	1	2	3	4	5	6
同步转速 n_1 /（r/min）	3000	1500	1000	750	600	500

2. 转差率

同步转速 n_1 与转子转速 n 之差（n_1-n）再与同步转速 n_1 的比值称为转差率，用字母 s 表示，其数学表达式见式（1-2-14）。

$$s = \frac{n_1 - n}{n_1} \tag{1-2-14}$$

3. 转子转速

转子转速可由式（1-2-14）推算，其数学表达式见式（1-2-15）。

$$n = (1-s)n_1 \tag{1-2-15}$$

在正常运行范围内，转差率的数值很小，一般在 0.01～0.06 之间，即感应电动机的转速很接近同步转速。感应电动机的转速恒小于旋转磁场转速 n_1，如果 $n=n_1$，转子绕组与定子磁场之间便无相对运动，则转子绕组中无感应电动势和感应电流产生，可见 $n<n_1$ 是感应电动机工作的必要条件。因为感应电动机的转子电流是通过电磁感应作用产生的，所以称为感应电动机。又由于电动机转速 n 与旋转磁场 n_1 不同步，故又称为异步电动机。

四、感应电机的三种运行状态

根据转差率的大小和正负，感应电机有三种运行状态：电动机运行状态、发电机运行状态和电磁制动运行状态。

1. 电动机运行状态

当定子绕组接至电源，转子就会在电磁转矩的驱动下旋转，电磁转矩即为驱动转矩，其转子转向与旋转磁场方向相同，如图 1-2-25（b）所示。此时，电机从电网取得电功率转变成机械功率，由转轴传输给负载，电动机的转速范围为 $n_1>n>0$，转差率范围为 $0<s\leq1$。

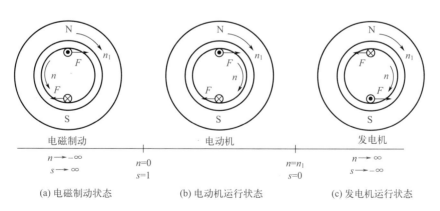

图 1-2-25 感应电动机的三种运行状态

2. 发电机运行状态

定子绕组仍接至电源，该电机的转轴不再接机械负载，而用一台原动机拖动感应电机的转子以大于同步转速（$n > n_1$）的转速顺旋转磁场方向旋转，如图 1-2-25（c）所示。此时，电磁转矩方向与转子转向相反，起着制动作用，为制动转矩。为克服电磁转矩的制动作用而使转子继续旋转，并保持 $n > n_1$，电机必须不断从原动机输入机械功率，把机械功率转变为输出的电功率，成为发电机运行状态，电动机的转速 $n > n_1$，转差率 $s < 0$。

3. 电磁制动状态

定子绕组仍接至电源，如果用外力拖着电机逆着旋转磁场的旋转方向转动，如图 1-2-25（a）所示，则此时电磁转矩与电机旋转方向相反，起制动作用。此时，电机定子仍从电网吸收电功率，同时转子从外力吸收机械功率，这两部分功率都在电机内部以损耗的方式转化成热能消耗掉，这种运行状态称为电磁制动运行状态，电动机的转速 $n < 0$，转差率 $s > 1$。三相异步电机三种运行状态比较，见表 1-2-4。

表 1-2-4　三相异步电机三种运行状态比较

状态	电动机运行	发电机运行	电磁制动
实现	定子绕组接对称电源	外力使电机快速旋转	外力使电机沿磁场反方向旋转
转速	$0 < n < n_1$	$n > n_1$	$n < 0$
转差率	$0 < s \leq 1$	$s < 0$	$s > 1$
电磁转矩	驱动	制动	制动
能量关系	电能转变为机械能	机械能转变为电能	电能和机械能变成内能

五、三相异步电动机的铭牌

每一台三相异步电动机的外壳上都装有一块铭牌，如图 1-2-26 所示。铭牌上会标注出这台三相异步电动机的一些数据信息，就像是一份简单的说明书一样。

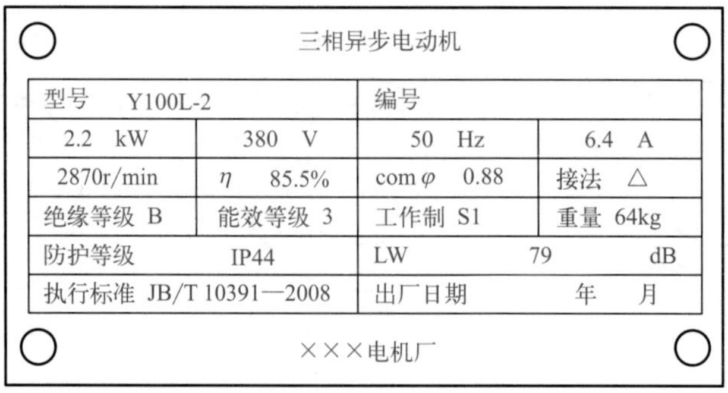

三相异步电动机				
型号	Y100L-2		编号	
2.2　kW	380　V		50　Hz	6.4　A
2870r/min	η　85.5%		comφ　0.88	接法　△
绝缘等级　B	能效等级　3		工作制　S1	重量　64kg
防护等级	IP44		LW　　79	dB
执行标准　JB/T 10391—2008			出厂日期　　年　　月	
×××电机厂				

图 1-2-26　三相异步电动机的铭牌示意图

1. 三相异步电动机的型号含义

三相异步电动机的型号是由大写的英文字母和阿拉伯数字组成的，型号中主要包括产品代号、设计序号、规格代号和特殊环境代号等。

（1）产品代号　通常由类型代号、特点代号、设计序号组成。设计序号表示产品设计的顺序，用阿拉伯数字表示。对于第一次设计的产品不标注设计序号，对系列产品所派生的产品按设计的顺序标注，比如：Y3、YB3、YBX3 等。异步电动机的特点代号和产品代号，见表 1-2-5。

表 1-2-5　异步电动机的特点代号和产品代号

特点代号	汉字意义	产品代号	产品名称
—	—	Y	笼型异步电动机
R	绕	YR	绕线式异步电动机
RK	绕快	YRK	绕线式高速异步电动机
Q	起	YQ	高启动转矩异步电动机
H	滑	YH	高转差率（滑率）异步电动机
D	多	YD	多速异步电动机
L	立	YL	立式笼型异步电动机
RL	绕立	YRL	立式绕线式异步电动机
J	精	YJ	精密机床用异步电动机
Z	重	YZ	起重冶金用笼型异步电动机
ZR	重绕	YZR	起重冶金用绕线式异步电动机
M	木	YM	木工用异步电动机
QS	潜水	YQS	井用潜水异步电动机
DY	单容	YDY	电容分相启动异步电动机
B	爆	YB	防爆式异步电动机

（2）规格代号　主要用中心高、机座长度、铁芯长度、极数来表示。

① 中心高度是指由电机轴芯到机座底脚面的高度，单位为 mm。根据中心高度的不同可以将电机分为大型、中型、小型和微型四种。

② 机座长度用国际通用英文字母表示。S 表示短机座，M 表示中机座，L 表示长机座。

③ 磁极数分为 2 极、4 极、6 极、8 极、10 极、12 极等。

（3）特殊环境代号　表示电动机所能适用的特殊工作环境，用特定的字母或字母加数字表示。例如：T 表示热带用，TH 表示湿热带用，TA 表示干热带用，G 表示高原带用，W 表示户外用，F 表示化工防腐用等。

以下面铭牌中的型号"Y112M-2"为例，具体解读一下其型号代表的含义。

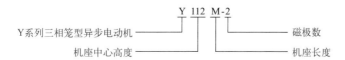

2. 三相异步电动机的额定值

（1）额定电压 U_N　指在额定运行状态下，电动机定子绕组上应加的线电压，单位为伏（V）或者千伏（kV），电源电压波动应在 $U_N(1±5\%)$ 范围内。

（2）额定电流 I_N　指电动机在额定电压、额定功率和额定负载下定子绕组的线电流，单位为安（A）或者千安（kA）。如果铭牌上出现两个电流值，那么表示该定子绕组在两种不同接法时（三角形接法和星形接法）的输入线电流。

（3）额定功率 P_N　指电动机在额定工作状态下运行时，轴上所输出的机械功率，单位为瓦（W）或者千瓦（kW），其数学表达式见式（1-2-16）。

$$P_N = \sqrt{3} U_N I_N \eta \cos\varphi_N \qquad (1\text{-}2\text{-}16)$$

（4）功率因数 $\cos\varphi_N$　指电动机在额定功率时电流与电压之间夹角的余弦函数，等于有功功率与视在功率的比值。功率因数越接近 1，其无功功率越小，电路中的损耗也就越小。

（5）额定效率 η_N　指电动机把电能转变成机械能的比值。效率的高低反映了损耗的大小，η 一般在 85% 以上。

（6）额定频率 $f_1(f_N)$　指在额定运行状态下运行时电动机定子绕组所接交流电源的频率，单位为赫兹（Hz）。我国采用的是 50Hz 的交流电，英美等国家的电源频率为 60Hz。

（7）额定转速 n_N　指电动机在额定电压、额定频率和额定功率下每分钟的转速，单位为转/分钟（r/min）。

3. 电动机的其他信息

（1）绝缘等级　指电动机绕组所用绝缘材料的耐热等级，也就是最高容许温度。电机与变压器中常用的绝缘材料等级为 A、E、B、F、H 五种，电机允许温升与绝缘等级的关系可以参考表 1-2-6。

表 1-2-6　电机允许温升与绝缘等级的关系

绝缘等级	A	E	B	F	H
绝缘材料允许温度 /℃	105	120	130	155	180
电机允许温升 /℃	60	75	80	100	125

（2）工作制　指它在额定条件下允许连续运行时间的长短。一般分为连续工作制、短时工作制、断续周期工作制三类。

① 连续工作制代号 S_1。指该电动机在铭牌上规定的额定条件下，能够长时间连续运行。适用于水泵、鼓风机等恒定负载的设备。

② 短时工作制代号 S_2。指该电动机在铭牌规定的额定条件下，能在限定时间内短时运行。适用于转炉、倾炉装置及阀门等的驱动。

③ 断续周期工作制代号 S_3。指该电动机在铭牌上规定的额定条件下，只能断续周期性地运行。适用于升降机、起重机等负载设备。

（3）防护等级　由字母"IP"和其后面的两位阿拉伯数字组成。"IP"为国际防护的缩写，IP 后面第一位数字代表防尘的等级，共有 0～6 七个等级，见表 1-2-7；IP 后面第二位数字代表防水等级，共有 0～8 九个等级，见表1-2-8。

表 1-2-7　电动机防尘等级

等级	防护范围
0	无防护
1	防护 50mm 直径和更大的外来物体
2	防护 12.5mm 直径和更大的外来物体
3	防护 2.5mm 直径和更大的外来物体
4	防护 1.0mm 直径和更大的外来物体
5	防护灰尘（不能完全阻止灰尘进入）
6	灰尘封闭（基本没有灰尘进入）

表 1-2-8　电动机防水等级

等级	防护范围
0	无防护
1	防止垂直方向滴水（垂直方向滴水无影响）
2	箱体倾斜 15°（箱体任何一侧倾斜 15°时，水滴垂直落下无影响）
3	防淋水（箱体各垂直面在 60°范围内淋水无影响）
4	防护溅水（向外壳各个方向溅水无影响）
5	防喷水（向外壳各个方向喷水无影响）
6	防强烈喷水（向箱体各个方向强烈喷水无影响）
7	防护短时间浸入水中
8	防护长时间浸入水中

（4）安装形式　有两种：立式（B）与卧式（V）。

（5）接线方法　指电动机定子绕组的连接方式。有两种：星形（Y）联结和三角形（△）联结，如图 1-2-27 所示。具体采用何种连接方式，取决于绕组能承受的电压设计值。

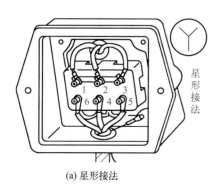
(a) 星形接法

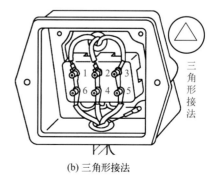
(b) 三角形接法

图 1-2-27　三相异步电动机的接线

（6）噪声等级 LW　指电动机的总噪声等级，LW 值越小表示电动机运行的噪声越低，噪声单位为分贝（dB）。

（7）质量　指电动机的质量，单位为 kg。

六、三相异步电动机的启动

1. 直接启动

直接启动是将电动机的定子绕组接上电源在额定电压下启动，又称全压启动，如图 1-2-28 所示。采用这种方法，启动电流较大，一般为额定电流的 4～7 倍。过大的启动电流将在输电线路上产生阻抗压降，引起电网电压明显降低，而且还影响接在同一电网的其他用电设备的正常运行；电动机若频繁启动，不仅使电动机温度升高，还会产生过大的电磁冲击，影响电动机的寿命。因此，直接启动应考虑电网的容量，另外对大中容量电动机，还要考虑电动机本身是否允许直接启动，所以此方法多用于中小型异步电动机。

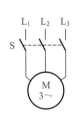

图 1-2-28　全压启动控制电路原理图

通常认为只要满足下列条件之一，就可以直接启动：

① 容量在 7.5kW 以下的三相异步电动机。

② 用户由专用变压器供电时，电动机的容量小于变压器容量的 20%。

③ 也可以用下面的经验公式（1-2-17）来估算电动机是否可以直接启动。

$$\frac{I_{st}}{I_N} \leq \frac{3}{4} + \frac{S}{4 \times P_N} \tag{1-2-17}$$

式中　I_{st}——电动机的启动电流，A；

I_N——电动机的额定电流，A；

S——电源的总容量，kV·A；

P_N——电动机的额定功率，kW。

2. 降压启动

在电动机启动时降低定子绕组上的电压，当电动机达到或接近额定转速时，再将电动机换接到额定电压下运行的启动方式称为降压启动。降压启动能起到减小电动机启动电流的作用，但由于转矩与电压的平方成正比，因此降压启动时电动机的转矩减小较多，故只适用于空载或轻载启动。三相笼型异步电动机常用的降压启动方式有定子回路串电阻降压启动、星-角（Y-△）降压启动、延边三角形降压启动和自耦变压器降压启动。

（1）定子回路串电阻降压启动　如图 1-2-29 所示，在图中 R_Q 为启动电阻器，调节电阻 R_Q 的大小可以将启动电流限制在允许的范围内。采用定子串电阻降压启动时，虽然降低了启动电流，但也使启动转矩大大减小。当电动机的启动电压减少到 $1/k$ 时，由电网所供给的启动电流也减少到 $1/k$。由于启动转矩正比于电压的平方，因此启动转矩便减少到 $1/k^2$，此法通常用于高压电动机。

（2）星-角（Y-△）降压启动　如图 1-2-30 所示，启动时定子绕组接成 Y 形，定子每相的电压为 $U_1/\sqrt{3}$，其中 U_1 为电网的额定线电压；待电动机接近额定转速时，再把定子绕组改接成△形，定子每相承受的电压便为 U_1。Y-△转换降压启动只适用于定子绕组在正常工作时是△形接法的电动机。

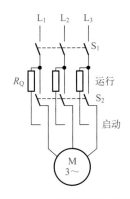

图 1-2-29　定子回路串电阻降压启动电路原理图

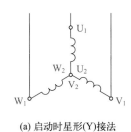
(a) 启动时星形(Y)接法

(b) 运行时三角形(△)接法

图 1-2-30　三相笼型异步电动机 Y-△启动原理图

（3）延边三角形降压启动　如图 1-2-31 所示，启动时把定子绕组的一部分接成三角形，剩下的一部分接成星形；当启动完毕，再把绕组改接为原来的三角形接法。它每相绕组所承受的电压小于三角形接法时的线电压，大于星形接法时的 $1/\sqrt{3}$，介于此二者之间，而究竟是多少，则取决于每相绕组中星形部分的匝数和三角形部分的匝数之比。

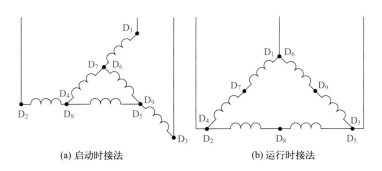

(a) 启动时接法　　　　　(b) 运行时接法

图 1-2-31　延边三角形启动原理图

（4）自耦变压器降压启动　如图 1-2-32 所示，启动时自耦变压器的高压侧接到电网，低压侧接到电动机；启动完毕后，电动机直接与电网相接，同时将自耦变压器切除。

3. 转子串电阻启动

转子串电阻启动仅适用于绕线式转子异步电动机，它既可以减小启动电流，又可以增大启动转矩。如图 1-2-33 所示，转子绕组通过滑环与电阻连接，外部串接电阻相当于转子绕组的内阻增加了，减小了转子绕组的感应电流。这种启动方法可以减小启动电流，增大启动转矩，可以在小范围内进行调速。

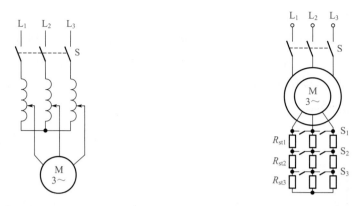

图 1-2-32　自耦变压器降压启动原理图　　图 1-2-33　绕线式异步电动机转子串电阻启动原理图

七、三相异步电动机的反转

反转的方法是将三相绕组中的任意两相绕组与交流电源的接线互相对调，改变三相交流电源相序，使得旋转磁场的旋转方向反向，从而实现三相异步电动机反转，如图 1-2-34 所示。

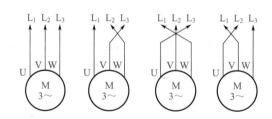

图 1-2-34　三相异步电动机的反转接线原理图

八、三相异步电动机的制动

通常电动机采用的制动方法有机械制动与电气制动两大类，机械制动是电动机断开电源后，使用机械装置强迫电动机迅速停转的制动方法，利用外加的机械力使电动机转子迅速停转，主要采用电磁抱闸、电磁离合器等制动；电气制动是电动机在切断电源的同时，给电动机一个和实际转向相反的电磁转矩，迫使电动机迅速停车的制动方法。电气制动有能耗制动、反接制动与回馈制动三种基本方式。

1. 能耗制动

如图 1-2-35 所示，停车时，将定子绕组上加一直流电源，由于定子绕组通入直流电流，因此能产生一个在空间固定不变的磁场，因惯性作用，转子还未停止转动，运动的转子绕组切割此恒定磁场，在转子绕组中便产生感应电势，形成感应电流，从而产生电磁转矩，此转矩与转子因惯性作用，旋转的方向相反，起制动作用，迫使转子迅速停下来。

2. 反接制动

如图 1-2-36 所示，停车时，将定子绕组反接电源，使电动机旋转磁场方向反向，这时的电磁转矩方向与电机惯性转矩方向相反，成为制动转矩，使电动机转速迅速下降。当转速降到零以后，一般应采用速度继电器控制，以便在电动机速度为零或接近零时立即切断电源，防止电动机反转。

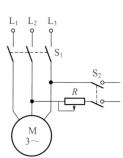

图 1-2-35 三相异步电动机能耗制动原理图

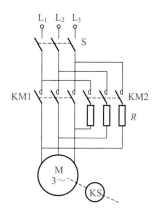

图 1-2-36 三相异步电动机反接制动原理图

3. 回馈制动（再生制动）

如图 1-2-37 所示，处于电动运行状态的三相异步电动机，由于某种原因使转子转速大于旋转磁场的同步转速时（$n > n_1$），电动机转子绕组切割旋转磁场的方向将与电动机运行状态时相反，因此转子电动势、转子电流和电磁转矩的方向也与电动状态时相反，即 T 与 n 反向，T 成为制动转矩，此时电动机便处于制动状态。

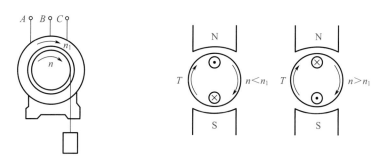

图 1-2-37 三相异步电动机回馈制动原理图

九、三相异步电动机的调速

$$n = n_1(1-s) = \frac{60f_1}{P}(1-s) \tag{1-2-18}$$

由式（1-2-18）可以看出，要改变电动机的转速，可以通过以下三种方法来实现：

① 变极调速。通过改变定子绕组的磁极对数 P，改变同步转速 n_1，来进行调速。

② 变频调速。通过改变电源的频率 f_1，改变同步转速 n_1，来进行调速。

③ 变转差率调速。保持同步转速 n_1 不变，通过改变电动机的转差率 s，来进行调速。

1. 变极调速

（1）变极原理　如图 1-2-38 所示，通过改变定子绕组的接线方式来改变定子磁极对数 P，达到调速的目的。

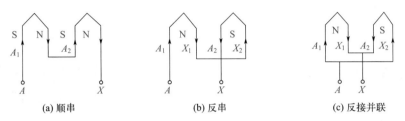

图 1-2-38　变极调速绕组接线原理图

（2）变极调速的常用接线方法　常用的两种变极接线方案：一种是单星变双星（Y/YY）方式，单星（Y）接线时是低速，双星（YY）接线时是高速，如图 1-2-39（a）、（c）所示；另一种是三角形变双星（△/YY）方式，三角形（△）接线时是低速，双星（YY）接线时是高速，如图 1-2-39（b）、（c）所示。

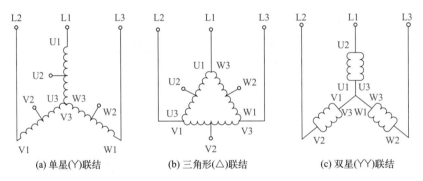

图 1-2-39　三相笼型异步电动机常用的两种变极接线方式

注意：变极后，不仅电动机的转速发生了变化，而且因三相绕组空间相序的改变而引起旋转磁场转向的改变，从而引起转子转向的改变。所以为了保证变极调速前后电动机的转向不变，在改变定子绕组接线的同时，必须把任意两相出线端对调接电源，使接入电动机的电源相序改变，这是在工程实践中必须注意的问题。

2. 变频调速

改变电源的频率 f_1，电动机的转速 n 亦随之而变化。但在工程实践中，仅仅改变电源频率，还不能得到满意的调速特性，因为只改变电源频率，会引起电动机其他参数的变化，影响电动机的运行性能，所以变频的同时应相应调节电压，以获得满意的调速性能。

3. 改变转差率

改变转差率 s 有很多方法，其中主要有：变压调速、串变阻器调速和串级调速三种方法。

以上是常见的三相异步电动机调速方法的比较，见表 1-2-9。

表 1-2-9 三相异步电动机调速方法比较

调速指标	调速方法				
	改变同步转速 n_1		改变转差率 s		
	改变磁极对数（笼型）	改变电源频率（笼型）	改变定子电压（笼型）	转子串电阻（绕线式）	串级（绕线式）
调速大小	上、下调	上、下调	下调	下调	下调
调速范围	窄	宽	窄	窄	宽
调速平滑性	差	好	好	差	好
调速稳定性	好	好	较好	差	好
适合负载类型	恒转矩 Y/YY 恒功率 △/YY	恒转矩（f_N 以下） 恒功率（f_N 以上）	恒转矩 通风机型	恒转矩	恒转矩 恒功率
电能损耗	小	小	低速时大	低速时大	小
设备投资	少	多	较多	少	多

第三节　单相异步电动机

采用单相交流电源供电的异步电动机称为单相异步电动机，常常被制成小型的电机设备，它的容量比较小，从几瓦到几百瓦，具有结构简单、成本低廉、噪声小、对无线电系统干扰小等优点，因此，它被广泛应用于家用电器（电风扇、电冰箱、洗衣机等）、电动工具、医疗器械和轻工设备中。图 1-2-40 所示为常用电容启动式单相异步电动机的外观。

一、单相异步电动机的结构

单相异步电动机与三相异步电动机的结构相似，如图 1-2-41 所示。其结构主要由定子、转子、轴承、机壳、端盖等构成。

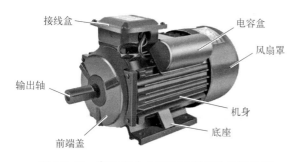

图 1-2-40　电容启动式单相异步电动机的外观

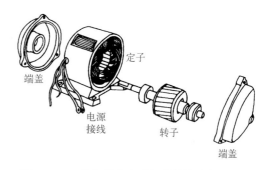

图 1-2-41　单相异步电动机的结构分解图

1. 定子

定子部分主要由定子铁芯、定子绕组、机座、端盖等部分组成。定子铁芯由 0.5mm 硅钢片冲制叠压铆成，定子铁芯上嵌有定子绕组。为使电动机能自行启动和改善运行性能，除主绕组（又称工作绕组）外，在定子上还安装了一个辅助的副绕组（又称启动绕组），一般两个绕组在电动机轴线空间相距 90°电角度。

2. 转子

转子部分主要由转子铁芯、转子绕组、转轴等部分组成。转子铁芯和定子铁芯一样由 0.5mm 硅钢片冲制叠压铆成，转子铁芯上嵌有转子绕组，转子结构都是笼型的，与三相笼型异步电动机的转子结构一样。

二、单相异步电动机的工作原理

单相异步电动机的工作绕组接正弦交流电，将产生正负交变的脉振磁场，而不是旋转磁场，如图 1-2-42 所示。一个脉振磁场可分解为两个幅值相等方向相反的旋转磁场，从而在气隙中建立正转和反转旋转磁场，如图 1-2-43 所示。这两个旋转磁场切割转子绕组，并分别在转子导体中产生感应电动势和感应电流，该电流与磁场相互作用产生正、反两个电磁转矩。正向电磁转矩企图使转子正转，反向电磁转矩企图使转子反转，这两个转矩大小相等方向相反，叠加起来就是推动电动机转动的合成转矩，此时合成转矩为 0，因此单相异步电动机无启动转矩，不能自行启动。

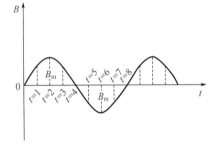

图 1-2-42 单相异步电动机的磁场和转矩

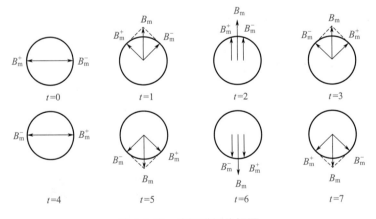

图 1-2-43 脉振磁场分解图

为了使单相异步电动机能够产生启动转矩，关键是启动时在电动机内部产生一个旋转磁场。从电机旋转理论可知，只要在空间不同相的绕组中通入时间上不同相的电流，就能产生一旋转磁场。根据获得旋转磁场方式的不同，单相异步电动机可分为分相式电动机和罩极式电动机两大类型。

三、分相式单相异步电动机

分相式单相异步电动机都具有两套绕组，一套工作绕组与一套启动绕组，这两个绕组在电动机轴线空间相距 90°电角度。一般情况下，两套绕组在匝数、线径等方面有所不同，但对于像洗衣机用的特殊电动机，需要正反两个转向都运行，两套绕组就完全相同。根据分相式单相异步电动机的启动和运行方式的特点，可将其分为以下四种：电阻分相启动式、电容分相启动式、电容分相运转式、电容启动与运转式。

1. 电阻分相启动式

如图 1-2-44（a）所示，定子上有两个绕组，两绕组在空间相差 90°。一般启动绕组并不外串电阻，只不过在设计启动绕组时，使其匝数多、导线截面积小，电阻就大了，则它与工作绕组的电阻值不相等，两套绕组的阻抗值也就不相等，流经工作绕组电流 I_1 和启动绕组电流 I_{st} 也就存在着一定的相位差，从而达到分相启动的目的，如图 1-2-44（b）所示。启动绕组一般是串入一个离心开关 S，与工作绕组并联一起接入电源，当电动机启动到转速达到同步转速的 75%～80%时，离心开关打开，启动绕组被切去。

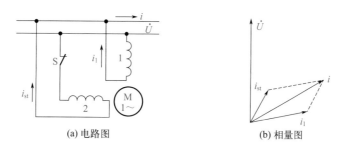

图 1-2-44 电阻分相启动式电路原理图和相量图

2. 电容分相启动式

如图 1-2-45（a）所示，定子上有两个绕组，两绕组在空间相差 90°。在启动绕组回路中串接启动电容 C，作电流分相用，并通过离心开关 S 与工作绕组并联在同一单相电源上。因工作绕组呈感性，所以其电流 I_1 相位滞后于电源电压 U 相位；若适当选择电容 C，使流过启动绕组的电流 I_{st} 的相位超前 I_1 的相位 90°，如图 1-2-45（b）所示。这就相当于在相位上相差 90°的两相电流流入在空间相差 90°的两相绕组中，在气隙中产生旋转磁场，从而使电动机转动。

3. 电容分相运转式

电容分相运转式单相异步电动机，实质是一台两相异步电动机，启动绕组和电容都是按长期工作设计的。启动绕组不仅在启动时起作用，而且在电动机运转时也起作用，长期处于工作状态，如图 1-2-46 所示。适当选择电容 C 的大小，可使流过工作绕组中的电流 I_1 与流过启动绕组中的电流 I_{st} 的相位相差 90°，两绕组产生的磁场可以在气隙中形成一个接近于圆形的旋转磁场。

电容分相运转式单相异步电动机的运行技术指标较之前其他形式运转的电动机要好些，功率因数、过载能力比普通单相异步电动机好，但是启动性能比较差，即启动转矩较低，启动性能不如电容分相启动式异步电动机。而且电动机的容量越大，启动转矩与额定转矩的比值越小，因此电容运转式电动机的容量做得都不大。

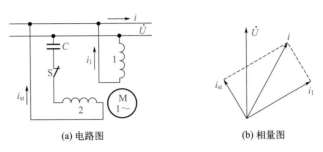

图 1-2-45　电容分相启动式电路原理图和相量图

4. 电容启动与运转式

电容启动与运转式单相异步电动机，实质上也是一台两相异步电动机，这种电动机在启动绕组中接入两个电容，如图 1-2-47 所示。电容 C_{st} 是启动电容器，容量比较大，电容 C 是运行电容器，容量较小，S 为离心开关。启动时，串联在启动绕组回路中的总电容 $C+C_{st}$ 比较大，所以有较大的启动转矩；当电动机转速达 70%～85% 同步转速时，离心开关 S 断开，将电容 C_{st} 切除，只有容量较小的 C 参与运行。

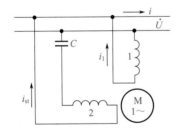

图 1-2-46　电容分相运转式电路原理图

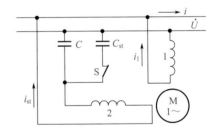

图 1-2-47　电容启动与运转式电路原理图

这种电容启动与运转式异步电动机，综合了电容分相启动式和电容运转式单相异步电动机的优点，所以这种电动机具有比较好的启动性能和运行性能，在相同的机座号下，功率可以提高 1～2 个容量等级。

四、罩极式单相异步电动机

1. 罩极式单相异步电动机的结构

它的定子铁芯部分通常由硅钢片冲制叠压铆成，按照磁极形式的不同分为凸极式和隐极式，其中凸极式结构最为常见。图 1-2-48（a）所示为凸极式单相异步电动机的结构示意图，其工作绕组集中绕制,套在定子磁极上;在极靴表面开有一个小槽,并用短路铜环把这部分磁极罩起来,短路铜环起了启动绕组的作用,称为罩极线圈,即启动绕组;罩极电动机的转子仍做成笼型。

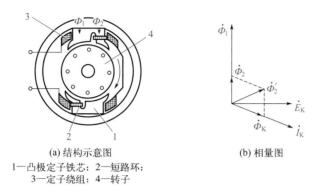

(a) 结构示意图　　　　(b) 相量图

1—凸极定子铁芯；2—短路环；
3—定子绕组；4—转子

图 1-2-48　罩极式单相异步电动机结构示意图和相量图

2. 罩极式单相异步电动机的工作原理

将工作绕组接单相交流电源,产生一个脉动磁场,短路环由于电磁感应产生感应电动势,产生感应电流及磁场,由于短路环中感应电流总是阻碍穿过短路环的磁通的变化,使工作绕组和短路环产生的两个磁场存在一个相位差,如图1-2-48(b)所示,从而在电动机内形成一个由未罩极部分向被罩极部分旋转的磁场,旋转方向由未罩极部分转向罩极部分,它使笼型转子产生电磁转矩而旋转。

罩极式单相异步电动机的主要优点是结构简单、制造方便、成本低、维护方便、工作可靠。但性能较差,启动转矩较小,功率因数低。罩极式电动机主要用于小型风扇、仪器仪表电动机等,输出功率一般不超过 20W。

五、单相异步电动机的铭牌

如图 1-2-49 所示,铭牌上清楚地标注了该电动机的型号和额定技术数据,也就是额定值。

单相异步电动机					
型号	YL90L-2		编号		
功率	250 W	电压	220 V	电流	3 A
频率	50 Hz	绝缘	E 级	转数	2800r/min
工作方式		S1	出厂日期		年　月
×××电机厂					

图 1-2-49　单相异步电动机的铭牌示意图

1. 单相异步电动机的型号含义

型号由大写英文字母和阿拉伯数字组成,表示该产品的种类、技术指示、防护结构形式及使用环境等。下面以型号"YL90L-2"为例,具体解读一下其型号代表的含义。

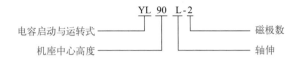

其中:

YL——电动机是电容启动与运转式异步电动机。YY 电容运转式,YC 电容启动式,YU 电阻启动式,YJ 罩极式。

90——电动机的机座中心高度为 90mm。

L——电动机的轴伸形式为长轴伸。S 代表短轴伸,M 代表中轴伸。

2——磁极数是 2 极,亦为 2 极电动机。

2. 单相异步电动机的额定值

单相异步电动机的额定值主要有以下几项:

(1) 额定功率 P_N 在额定电压、额定频率和额定转速下运行时转轴上输出的机械功率,单位为 W。

(2) 额定电压 U_N 在额定状态下运行时,电源加在定子绕组上的端电压,单位为 V。国家标准规定电源电压在 ±5% 范围内变动时,电动机应能正常工作。

(3) 额定电流 I_N 在额定电压、额定功率和额定转速下运行时,流过定子绕组的线电流,单位为 A。电动机长期运行时不允许超过该电流值。

(4) 额定频率 f_N 交流电源的频率,我国规定电网频率为 50Hz。

(5) 额定转速 n_N 在额定状态下运行时的转速,单位为 r/min。每台电动机在额定运行时的实际转速与铭牌规定的额定转速会有一定的偏差。

(6) 额定效率 η_N 额定运行时,输出功率与输入功率的比值,为百分值(%)。

(7) 绝缘等级 我国家用电器用单相电动机的绕组绝大多数都为 E 级绝缘,其最高工作温度为 120℃。

(8) 其他指标 有些电动机铭牌上还标有绕组接法、功率因数、启动电流和转矩、环境条件、工作方式(如连续、短时、断续运行等),以及电容器的容量和工作电压等。

六、单相异步电动机的启动

单相异步电动机常常被制成小型的电机设备,它的电机容量很小,功率仅有几瓦、几十瓦或者几百瓦,一般采用直接启动法,直接连接单相交流电源即可。

七、单相异步电动机的反转

要使单相异步电动机反转,必须更改绕组接法使旋转磁场反转,其方法主要有两种。

① 把工作绕组或启动绕组的首端和末端对调后与电源相接。如果把其中的任意一个绕

组反接,等于把这个绕组的磁场相位改变180°,即可使旋转磁场的转向改变,从而使电动机反向运转。

② 电容分相式异步电动机可以通过改变电容器的接法来改变电动机的转向。如图1-2-50所示,把电容器从一组绕组中改接到另一组绕组中,从而使旋转磁场的转向改变,电动机即可反向运行。

电阻分相式异步电动机的反转,只能用第一种方法;电容分相式异步电动机的反转,两种方法都可以,一般用第二种方法;罩极式电动机通常只用于不需改变转向的场合。

八、单相异步电动机的调速

单相异步电动机的调速方法有三种:变极调速、变频调速和降压调速。

1. 变极调速

通过改变磁极对数来改变电动机的转速,磁极对数越多,电机转速越慢;磁极对数越少,电机转速越快。变极调速电动机成本较高,一般较少使用。

2. 变频调速

通过改变电源频率来改变电动机的转速,频率越高,电机转速越快;频率越低,电机转速越慢。变频调速适合各种类型的负载,目前单相变频调速已在家用电器上得到广泛应用,如变频空调器、变频电冰箱等。

3. 降压调速

通过调节单相异步电机的供电电压来改变电动机的转速,供电电压越高,电机转速越快;供电电压越低,电机转速越慢。改变供电电压是最常用的调速方式,但需要注意的是,降低电压会导致电机的转矩下降,因此要根据具体情况来选择合适的调速方式。

(1)串电抗器调速 降压调速一般采用串电抗器调速法,这种调速方法将电抗器与电动机定子绕组串联,其接线如图1-2-51所示。通电时,利用在电抗器上产生的电压降使加到电动机定子绕组上的电压低于电源电压,从而达到降压调速的目的。用串电抗器调速法时,电动机的转速只能由额定转速向低调速,且只能有级调速。

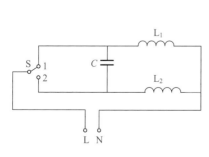
图1-2-50 电容分相式异步电动机反转原理图

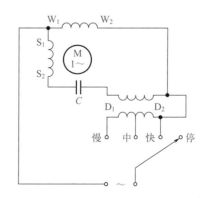
图1-2-51 单相异步电动机串电抗器调速电路

(2) 抽头调速 电容分相运转式电动机在调速范围不大时，普遍采用定子绕组抽头调速。此时定子槽中嵌有工作绕组 W_1W_2、启动绕组 S_1S_2 和调速绕组（又称中间绕组）D_1D_2。通过改变调速绕组与工作绕组、启动绕组的连接方式，调节气隙磁场大小及椭圆度来实现调速的目的。这种调速方法通常有 L 形接法和 T 形接法两种，如图 1-2-52 所示。

(3) 晶闸管调压调速 利用改变晶闸管的导通角，来实现调节加在单相异步电动机上的交流有效电压的大小，从而达到调节电动机转速的目的，如图 1-2-53 所示。这种调速方法可以实现无级调速，节能效果好，但会产生一些电磁干扰，常用于风扇调速。

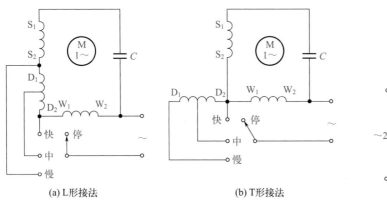

图 1-2-52 单相异步电动机绕组抽头调速电路

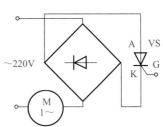

图 1-2-53 单相异步电动机晶闸管调压调速

第四节 伺服电动机

"伺服"一词源于希腊语"奴隶"的意思，"伺服电机"可以理解为绝对服从控制信号指挥的电机。在控制信号发出之前，转子静止不动；当控制信号发出时，转子立即转动；当控制信号消失时，转子能即时停转。伺服电动机在自动控制系统中是作为执行元件的微特电机，可将控制电信号转换为转轴的角位移或角速度。

自动控制系统对伺服电动机的基本要求如下：

(1) 无"自转"现象 即要求控制电机在有控制信号时迅速转动，而当控制信号消失时必须立即停止转动。控制信号消失后，电机仍然转动的现象称为自转，自动控制系统不允许有"自转"现象。

(2) 空载始动电压低 电机空载时，转子从静止到连续转动的最小控制电压称为始动电压。始动电压越小，电机的灵敏度越高。

(3) 机械特性和调节特性的线性度好 线性的机械特性和调节特性有利于提高系统的控制精度，能在宽广的范围内平滑稳定地调速。

(4) 快速响应性好 即要求电机的机电时间常数要小，堵转转矩要大，转动惯量要小，转速能随控制电压的变化而迅速变化。

一、直流伺服电动机

直流伺服电机是一种能够根据控制信号精确控制转速和位置的电机。它由直流电源、驱动器和编码器组成。直流伺服电机通过调节输入电压或电流可以很容易地控制转速和位置，通常使用 PID 控制算法来实现精确的控制。它具有响应速度快、转矩大、精度高等特点，广泛应用于机械加工、自动化设备、机器人等领域。几种典型的小型直流伺服电动机外观，如图 1-2-54 所示。

图 1-2-54　几种典型的小型直流伺服电动机外观

1. 直流伺服电动机的结构

直流伺服电动机实际上与普通直流电动机在结构上并无本质上的差别，都是由定子和转子两大部分组成的。稍有不同的是，直流伺服电动机的电枢电流很小，没有换向困难的问题，因此一般不再安装换向极；此外，为减小转动惯量，转子形状上做得细长一些，气隙比较小，磁路上并不饱和，电枢电阻较大，机械特性软，线性电阻大，可弱磁启动也可直接启动。直流伺服电动机按照结构来分类，可分为传统型和低惯量型两大类。

（1）传统型直流伺服电动机　传统型直流伺服电动机的结构形式与普通他励直流电动机的结构完全相同，只是它的容量和体积要小得多。按励磁方式，它又可以分为电磁式和永磁式两种。电磁式直流伺服电动机的定子铁芯通常由硅钢片冲制叠压铆成，励磁绕组直接绕制在磁极铁芯上，使用时需加励磁电源。永磁式直流伺服电动机的定子上安装由永久磁钢制成的磁极，不需励磁电源，励磁磁场由永磁铁建立，不需要再安装励磁绕组。

（2）低惯量型直流伺服电动机　低惯量型直流伺服电动机的机电时间常数小，大大改善了电动机的动态特性。常见的低惯量型直流伺服电动机有空心杯型转子直流伺服电动机、盘式电枢直流伺服电动机和无槽电枢直流伺服电动机三种。

① 空心杯型转子直流伺服电动机。如图 1-2-55 所示，空心杯型转子直流伺服电动机在结构上突破了传统电机的转子结构形式，采用的是无铁芯转子，也叫空心杯型转子，其定子部分包括一个外定子和一个内定子。外定子一般由永久磁钢制成，也可以是通常的电磁式结构；内定子由软磁材料制成，以减小磁路的磁阻，仅作为主磁路的一部分。空心杯型转子上的电枢绕组，可以采用印制绕组，也可先绕成单个成型绕组，然后将它们沿圆周的轴向排列成空心杯型，再用环氧树脂固化。电枢绕组的端侧与换向器相连，由电刷引出。空心杯型转子直接固定在转轴上，在内、外定子的气隙中旋转。

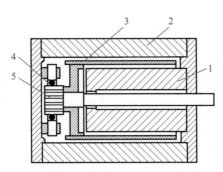

图 1-2-55　空心杯型电枢永磁式直流伺服电动机结构示意图

1—内定子；2—外定子；3—空心杯电枢；4—电刷；5—换向器

② 盘式电枢直流伺服电动机。如图 1-2-56 所示，盘式电枢直流伺服电动机的定子由永久磁钢和前后盘状轭铁组成，轭铁兼作前后端盖。磁钢放置在圆盘的一侧，并产生轴向磁场，它的极数比较多，一般制成 6 极、8 极或 10 极。在磁钢和另一侧的轭铁之间放置盘式电枢绕组，电枢绕组可以是绕线式绕组或印制绕组。绕线式绕组先绕制成单个绕组元件，并将绕好的全部绕组元件沿圆周径向排列，再用环氧树脂浇制成圆盘形。印制绕组采用与制造印制电路板相类似的工艺制成，转子的绝缘基片是环氧玻璃布胶板，胶合在基片两侧的铜箔用印刷电路制成双面电枢绕组，电枢绕组有效部分的裸导体表面还兼作换向片。盘形电枢上的电枢绕组中的电流沿径向流过圆盘表面，并与轴向磁通相互作用产生电磁转矩。因此，绕组的径向段为有效部分，弯曲段为端接部分。

③ 无槽电枢直流伺服电动机。如图 1-2-57 所示，无槽电枢直流伺服电动机的电枢铁芯上不开槽，电枢绕组直接排列在铁芯圆周表面，再用环氧树脂将它和电枢铁芯固化成一个整体。这种电机的转动惯量和电枢绕组的电感比前面介绍的两种无铁芯转子的电机要大些，动态性能也比它们差。

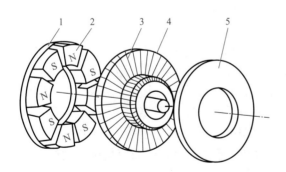

图 1-2-56　盘式电枢直流伺服电动机的结构示意图

1—后轭铁（端盖）；2—永久磁钢；3—电枢绕组；
4—电刷；5—前轭铁（端盖）

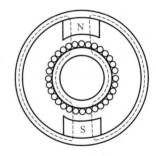

图 1-2-57　无槽电枢直流伺服电动机结构示意图

2. 直流伺服电动机的工作原理

直流伺服电动机的工作原理与普通直流电动机的相同，只要在其励磁绕组中通入电流即可产生磁通，当电枢绕组中通过电流时，电枢电流就与磁通相互作用产生电磁转矩，使电动机转动。这两个绕组其中一个断电时，电动机立即停转，无自转现象。

3. 直流伺服电动机的控制方式

一般用电压信号控制直流伺服电动机的转向与转速大小，直流伺服电动机工作时有两种控制方式，即电枢控制方式和磁场控制方式，永磁式的直流伺服电动机只有电枢控制方式。

（1）电枢控制方式（常用）　电枢控制方式是励磁绕组接恒定的直流电源，产生额定磁通，电枢绕组接控制电压，当控制电压的大小和方向改变时，电动机的转速和转向随之改变，当控制电压消失时，电枢停止转动。

（2）磁场控制方式（少用）　磁场控制方式是将电枢绕组接到恒定的直流电源上，励磁绕组接控制电压，在这种控制方式下，当控制电压消失时，电枢停止转动，但电枢中仍有很大的电流，相当于普通直流电动机的直接启动电流，因而损耗的功率很大，还容易烧坏换向器和电刷。

二、交流伺服电动机

交流伺服电机的工作原理和单相异步电动机无本质上的差异，但是交流伺服电机必须具备一个性能，就是能克服交流伺服电机的所谓"自转"现象。

1. 交流伺服电动机的基本结构

交流伺服电动机的定子构造基本上都类似于电容分相式单相异步电动机，在其定子槽内放置两个空间互差90°电角度的两相绕组，其中一相作为励磁绕组，运行时它始终接在单相交流电源上；另一相作为控制绕组，运行时它连接控制信号电压。所以，交流伺服电动机又称两相伺服电动机。

目前，交流伺服电动机应用较多的转子结构有笼型转子和杯型转子两种形式，如图1-2-58所示。交流伺服电动机的转子通常做成笼型，但为了使伺服电动机具有较宽的调速范围、线性的机械特性，无"自转"现象和快速响应的性能，它与普通电动机相比，具有转子电阻大和转动惯量小这两个特点。

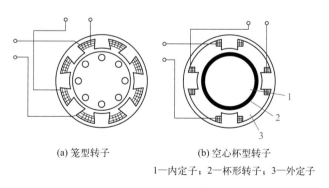

(a) 笼型转子　　(b) 空心杯型转子
1—内定子；2—杯形转子；3—外定子

图 1-2-58　交流伺服电动机结构示意图

（1）高电阻率导条的笼型转子　图1-2-59所示为笼型转子交流伺服电动机的结构剖面示意图，采用高电阻率的导电材料做成导条的笼型转子结构与普通笼型异步电动机的类似，但是为了减小转子的转动惯量，转子做得细而长。转子笼条和端环既可采用高电阻率的导电材料（如黄铜、青铜等）制造，也可采用铸铝材料。

（2）非磁性空心杯型转子　图 1-2-60 所示为非磁性空心杯型转子交流伺服电动机的结构剖面示意图，它主要由外定子、空心杯型转子和内定子三部分组成。定子分外定子铁芯和内定子铁芯两部分，外定子铁芯槽中放置空间相距 90°电角度的两相绕组，内定子固定在一个端盖上，铁芯中不放绕组，仅作为磁路的一部分，以减小主磁通磁路的磁阻。空心杯型转子由非磁性铝或铝合金制成，放在内、外定子铁芯之间，杯子底部固定在转轴上。

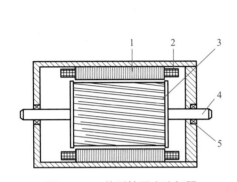 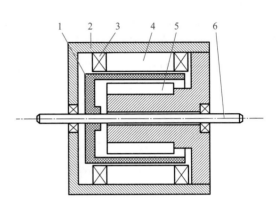

图 1-2-59　笼型转子交流伺服
电动机的结构剖面示意图
1—定子铁芯；2—绕组；3—笼型转子；
4—转轴；5—轴承

图 1-2-60　空心杯型转子交流伺服
电动机结构剖面示意图
1—空心杯转子；2—机壳；3—外定子绕组；
4—外定子；5—内定子；6—转轴

笼型转子和空心杯型转子交流伺服电动机在结构、性能和应用范围方面的比较，见表 1-2-10。

表 1-2-10　笼型转子和空心杯型转子交流伺服电动机的比较

种类	结构特点	性能特点	应用范围
笼型转子	与一般笼型电机结构相同，但转子做得细而长，转子导体用高电阻率的材料	励磁电流较小，体积较小，机械强度高，但是低速运行不够平稳，有时快时慢的抖动现象	小功率的自动控制系统
空心杯型转子	转子做成薄壁圆筒形，放在内、外定子之间	转动惯量小，运行平滑，无抖动现象，但是励磁电流较大，体积也较大	要求运行平滑的系统

2. 交流伺服电动机的工作原理

当交流伺服电动机处于静止状态时，如控制绕组不施加控制电压，此时定子内只有励磁绕组产生的脉动磁场，可以把脉动磁场看成两个圆形旋转磁场。这两个圆形旋转磁场以同样的大小和转速，向相反方向旋转，合成电磁转矩为零，伺服电动机转子转不起来。只要改变控制电压的大小或相位，定子内便会产生一个旋转磁场，使转子沿旋转磁场的方向旋转。

3. 交流伺服电动机的控制方式

在负载恒定的情况下，伺服电动机的转速随控制电压的大小而变化；当控制电压的相位相反时（即移相180°），旋转磁场的转向相反，伺服电动机将反转。具体的控制方式有三种：幅值控制、相位控制和幅值-相位控制。

（1）幅值控制　如图1-2-61所示，幅值控制仅改变控制电压U_c振幅的大小，而U_c的相位角保持不变。通过改变控制电压U_c的大小来控制电动机的转速，此时控制电压U_c与励磁电压U_f之间的相位差始终保持90°电角度，U_c越大则转速越高。控制绕组为额定电压时，所产生的气隙磁通势为圆形旋转磁通势，产生的电磁转矩最大。

（2）相位控制　如图1-2-62所示，相位控制仅改变控制电压U_c的相位，而U_c的幅值不变。控制电压U_c与励磁电压U_f同电源，控制电压的幅值保持不变，控制电压U_c的相位可以通过移相器改变，从而改变控制电流与励磁电流之间的相位角来实现对电动机转速的控制，而U_c与U_f的相位差在0~90°之间变化时，相位差越大，转速越高。如需反转，通过移相器将控制电压U_c的相位移相180°，即可实现对电动机反转的控制。

（3）幅值-相位控制　如图1-2-63所示，幅值-相位控制是同时改变控制电压U_c的大小和相位。控制电压U_c与励磁电压U_f同电源，但控制电压U_c的幅值和相位可以同时调节。通过改变控制电压U_c的大小及与励磁电压U_f之间的相位差，来实现对电动机转速和转向的控制。

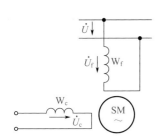
图1-2-61　幅值控制电路原理图

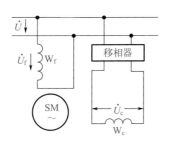
图1-2-62　相位控制电路原理图

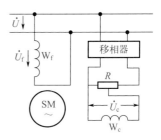
图1-2-63　幅值-相位控制电路原理图

第五节　步进电动机

步进电动机是用电脉冲信号进行控制，将电脉冲信号转换成相应的角位移或线位移的离散值来控制电动机的。这种电动机每当输入一个电脉冲就动一步，因此又被称为脉冲电动机。步进电动机按励磁方式可分为永磁式、反应式（磁阻式）和混合式三种，目前应用最多的是反应式步进电动机，下面以三相六极反应式步进电动机为例，介绍其基本结构和工作原理。

一、反应式步进电动机的基本结构

步进电动机的结构主要分为定子和转子两大部分，它的定子用硅钢片冲制叠压铆成，具有均匀分布的磁极，磁极上装有绕组；它的转子上没有绕组，只有均匀分布的齿，用硅钢片叠制或用软磁材料做成凸极结构。

图 1-2-64 所示为三相六极反应式步进电动机的横剖面结构简图，定子有六个磁极，相邻两个磁极间夹角为 60°，对角线的两个磁极上绕有同一相绕组，即组成一相，六个磁极上装有三相绕组，三相绕组通常接成星形，当某一相绕组有电流通过时，则该相绕组的两个磁极立即形成 N 极和 S 极；转子有四个齿，齿宽等于定子磁极极靴的宽度。

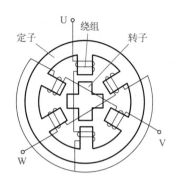

图 1-2-64　三相六极反应式步进电动机的横剖面结构示意图

二、反应式步进电动机的工作原理

步进电动机工作时不能直接接电源，因为步进电动机是通过脉冲信号控制器来工作的，因此步进电动机的工作需要一电子装置进行驱动，这一装置就是步进电动机驱动器。通过 PLC 编程控制脉冲的数量和频率以及电动机各相绕组的工作顺序，就可实现对步进电动机旋转的控制。转子旋转的位置和速度与脉冲的数量和频率成一一对应关系，而方向由各相绕组的通电顺序决定。

当定子某相被励磁时，对角线的两个磁极一端会磁化成 N 极，另一端会磁化成 S 极，这种极性的变化可以通过改变电源的正负极来实现转换。如果将电源的正负极转换加上一定的规律性，定子部分就会形成一个旋转的磁场，利用磁通总是要沿着磁阻最小（磁导最大）的路径闭合的原理，产生磁拉力形成磁阻性质的转矩而步进。定子磁极和转子齿相对位置变化会引起磁路磁阻的变化，转子将转到使磁路磁阻最小的位置，这样转子就会随着旋转的磁场而转动。

三、三相步进电动机的工作方式

三相步进电动机的工作方式有三种：三相单三拍工作方式、三相双三拍工作方式和三相单双六拍工作方式。一拍是指定子绕组从一种通电状态变换到另一种通电状态，即每改变一次通电方式叫一拍。下面以三相六极反应式步进电动机为例，对其工作时定子与转子齿的位置关系进行说明。

1. 三相单三拍工作方式

三相单三拍工作方式，"单"是指每拍只有一相定子绕组通电，即通电顺序为 U→V→W→U 或 U→W→V→U，"三拍"是指改变三次通电方式为一个通电循环。

三相步进电动机启动时，U 相首先通电，V、W 相不通电，则产生 UU′ 磁极轴线方向的磁通，并通过转子形成闭合回路，在磁场作用下，由矩角特性，转子力图使 θ 角为零，即转子转到转子 1、3 齿与 UU′ 轴线对齐的位置，如图 1-2-65（a）所示。接着 V 相通电，U、W 两相不通电，则产生 VV′ 磁极轴线方向的磁通，在磁场作用下，由矩角特性，转子便顺时针转过 30°，使转子 4、2 齿与 VV′ 磁极对齐，如图 1-2-65（b）所示。随后 W 相通电，U、V

相不通电，则产生 WW′ 磁极轴线方向的磁通，在磁场作用下，由矩角特性，转子又顺时针转过 30°，又使转子 3、1 齿与 WW′ 磁极对齐，如图 1-2-65（c）所示。

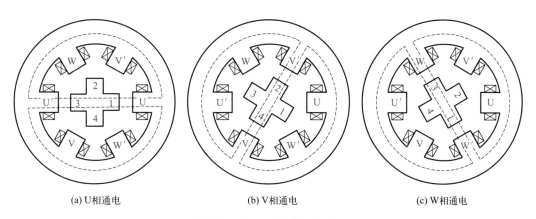

(a) U 相通电　　　　　　(b) V 相通电　　　　　　(c) W 相通电

图 1-2-65　三相单三拍工作方式的转子步进位置示意图

当电脉冲信号以一定频率，按 U→V→W→U 的顺序轮流通电时，电动机转子便按顺时针方向一步一步地转动起来。每步的转角（称为步距角 θ_b）为 30°，三相绕组电流换接三次，磁场旋转一周，转子前进了三个步距角，即前进了 3×30°=90°。

步进电动机的步距角可以通过式（1-2-19）计算得到

$$\theta_b = \frac{360°}{mZ_rC} \tag{1-2-19}$$

式中　θ_b——步距角。

m——相数。常用定子相数 m=2、3、4、5、6。

Z_r——转子的齿数。

C——工作方式。单拍或双拍方式工作时 C=1；单双拍混合方式工作时 C=2。

转速取决于绕组变换通电状态的频率，即输入脉冲的频率。旋转方向取决于定子绕组轮流通电的顺序。如果三相绕组通电脉冲的通电顺序改为 U→W→V→U，则电机转子便按逆时针方向转动。

2. 三相双三拍工作方式

三相双三拍工作方式，"双"是指每拍有两相定子绕组同时通电，即通电顺序为 UV→VW→WU→UV 或 UW→WV→VU→UW，"三拍"是指改变三次通电方式为一个通电循环。

三相步进电动机启动时，U、V 两相首先通电，W 相不通电，产生沿 UV′ 和 VU′ 磁极轴线的磁通，并通过转子形成闭合回路，在磁场作用下，由矩角特性，UU′ 磁极对转子 1、3 齿产生拉力，VV′ 磁极对转子 4、2 齿产生拉力，转子转到两个磁拉力平衡为止，转子位置如图 1-2-66（a）所示。接着 V、W 两相首先通电，U 相不通电，产生沿 VW′ 和 WV′ 磁极轴线的磁通，并通过转子形成闭合回路，在磁场作用下，由矩角特性，VV′ 磁极对转子 4、2 齿产生拉力，WW′ 磁极对转子 1、3 齿产生拉力，转子转到两个磁拉力平衡为止，转子位置如图 1-2-66（b）所示。随后 W、U 两相首先通电，V 相不通电，产生沿 WU′ 和 UW′ 磁极轴线的磁通，并通过转子形成闭合回路，在磁场作用下，由矩角特性，WW′磁极对转子3、1齿产生拉力，UU′磁极对转子2、4齿产生拉力，转子转到两个磁拉力平衡为止，转子位置如图1-2-66（c）所示。

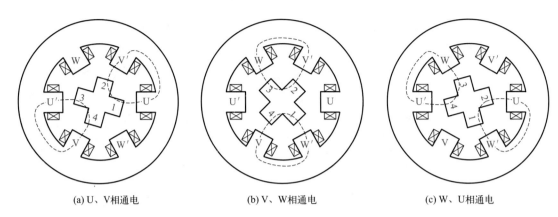

(a) U、V相通电　　　　　(b) V、W相通电　　　　　(c) W、U相通电

图 1-2-66　三相双三拍工作方式的转子步进位置示意图

当电脉冲信号以一定频率，按 UV → VW → WU → UV 的顺序轮流通电，电动机转子便按顺时针方向一步一步地转动起来。双三拍方式步矩角 $\theta_b=360°/(3×4×1)=30°$，与单三拍方式相同。但是，双三拍的每一步的平衡点，转子受到两个相反方向转矩作用而平衡，因而稳定性优于单三拍方式。

3. 三相单双六拍工作方式

单双六拍工作方式也称六拍工作方式，"单双"是指每拍定子绕组通电时单拍和双拍间隔进行，即通电顺序为 U → UV → V → VW → W → WU → U 或 U → UW → W → WV → V → VU → U，"六拍"是指改变六次通电方式为一个通电循环。

三相步进电动机启动时，U 相首先通电，转子1、3齿稳定于 UU′ 磁极轴线，如图1-2-67（a）所示。然后在 U 相继续通电的情况下，接通 V 相，这时定子 VV′ 磁极对转子4、2齿产生拉力，使转子顺时针转动，但此时 UU′ 磁极继续拉住转子1、3齿，转子转到两个磁拉力平衡为止，转子位置如图1-2-67（b）所示，从图中可以看到，转子从 U 位置顺时针转过了15°。接着 U 相断电，V 相继续通电，这时转子4、2齿又和 VV′ 磁极对齐而平衡，转子从图（b）位置又转过了15°，如图1-2-67（c）所示。接着在 V 相通电情况下，W 相又通电，这时 VV′ 和 WW′ 共同作用使转子又转过了15°，其位置如图1-2-67（d）所示。

依此规律，当电脉冲信号以一定频率，按 U → UV → V → VW → W → WU → U 的顺序循环通电，则转子便按顺时针方向一步一步地转动。如果按 U → UW → W → WV → V → VU → U 的顺序通电，则电机便按逆时针方向转动。六拍方式电流换接六次，磁场旋转一周，则其步距角 $\theta_b=360°/(3×4×2)=15°$，其运行稳定性比前两种方式更好。

四、小步距角的步进电动机

实际采用的步进电机的步距角多为3°和1.5°，步距角越小，机加工的精度就越高。为产生小步距角，定子和转子都做成多齿的，图1-2-68所示为小步距角的三相反应式步进电动机的横剖面结构示意图，转子有40个齿，定子仍是6个磁极，但每个磁极上也有5个齿。

图 1-2-67　三相单双六拍工作方式的转子步进位置示意图

不难推出，电机定子上有 m 相励磁绕组，其轴线分别与转子齿轴线偏移 $1/m$，$2/m$，…，$(m-1)/m$，1，并且励磁绕组按一定的相序通电，就能控制电动机的正反转，这是步进电动机旋转的物理条件。只要符合这一条件，理论上可以制造任何相的步进电动机，出于成本等多方面考虑，市场上一般以二、三、四、五相为多。图 1-2-69 所示为小步距角的三相反应式步进电动机的定子与转子齿展开图。

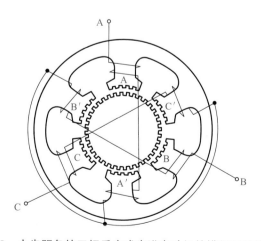

图 1-2-68　小步距角的三相反应式步进电动机的横剖面结构示意图

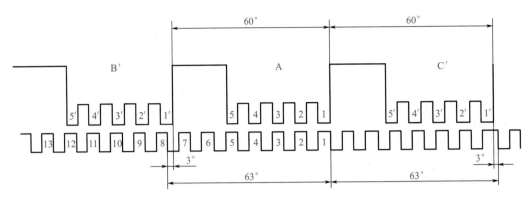

图 1-2-69 小步距角的三相反应式步进电动机的定子与转子齿展开图

五、步进电动机的转速

步距角一定时，通电状态的切换频率越高，即脉冲频率越高时，步进电动机的转速越高。脉冲频率一定时，步距角越大，即转子旋转一周所需的脉冲数越少时，步进电动机的转速越高。步进电动机的转速可以通过式（1-2-20）计算得到。

$$n = \frac{60f}{mZ_rC} \tag{1-2-20}$$

式中 f——通电脉冲频率；

m——相数；

Z_r——转子的齿数；

C——工作方式，单拍或双拍方式工作时 $C=1$，单双拍混合方式工作时 $C=2$。

实际的步进电动机，步距角做得很小。国内常见的反应式步进电动机步距角有 1.2°/0.6°、1.5°/0.75°、1.8°/0.9°、2°/1°、3°/1.5°、4.5°/2.25°等。

六、步进电动机的驱动方式

步进电动机的正常使用离不开专用的驱动器，它主要由脉冲发生控制单元、功率驱动单元、保护单元等组成。驱动器有多种驱动方式，其中包括恒电压驱动、高低压驱动、自激式恒电流斩波驱动和电流比较斩波驱动等方式。下面针对步进电动机的这几种驱动方式做简要介绍。

1. 恒电压驱动

恒电压驱动是步进电动机以往常用的一种驱动方式，在电动机绕组工作过程中，只用一个方向的电压对绕组进行通电，多个绕组交替提供电压，这种方式的驱动也被称为单电压驱动，是步进电动机比较老套的一种驱动方式。

2. 高低压驱动

高低压驱动可以明显改善恒电压驱动所存在的不足，驱动的工作原理是步进电动机运动到整步的时候使用高压控制，在运动到半步和停止的时候使用低压进行控制。

3. 自激式恒电流斩波驱动

自激式恒电流斩波驱动是通过硬件设计而成的，驱动的工作原理是当绕组通电的电流达到设定值的时候，通过硬件将其电流关闭，然后转为另一个绕组通电，另一个绕组通电的电流达到设定值的时候，又能通过硬件将其关闭，如此反复，推进步进电动机运转。

4. 电流比较斩波驱动

这种驱动方式是目前市场上步进电动机的主流驱动方式，驱动的工作原理是把步进电动机绕组的电流值转化为一定比例的电压，与 D/A 转换器输出的预设值进行比较，根据比较的结果来对功率管的开关进行控制，从而达到控制绕组相电流的目的，通过电流的不同来控制步进电动机的运动。

章节测试

1. 简述直流电动机的工作原理。直流电动机按励磁方式分哪几种？直流电动机的调速方式有哪几种？
2. 简述三相异步电动机的工作原理。如何改变旋转磁场的方向？
3. 什么是同步转速？同步转速与哪些参数有关？三相异步电动机的调速方法有哪些？
4. 三相异步电动机在运行时发生一相断线能否继续运行？为什么？若在启动时发生一相断线能否继续启动？为什么？
5. 双速电动机变极调速时为什么要同时改变电源相序？
6. 分相式单相异步电动机按启动与运行方式的特点可分为哪几类？电容分相式单相异步电动机的反转如何实现？
7. 什么是伺服电动机？简述自动控制系统对伺服电动机的基本要求。
8. 什么是交流伺服电动机的自转现象？如何消除自转现象？
9. 什么是三相步进电动机的单三拍、双三拍和单双六拍工作方式？
10. 步进电动机的转向与转速如何控制？

第二章动画

第三章
电动机基本控制电路

电机与电气控制技术

在现代生产生活中，广泛使用的电气设备和生产机械的拖动往往是以电动机作为原动机来实现的。各种生产机械的电气控制电路，无论是简单的还是复杂的，都是由一些比较简单的基本控制电路有机组合而成的。在设计、分析、安装及诊断电气控制电路故障时，一般都是从这些基本控制电路进行的。因此，掌握电动机基本控制电路的组成、工作原理、分析方法和设计方法，将有助于对复杂电气控制电路进行分析、设计和故障诊断。

 学习目标

1. 了解电气图常用的图形符号和文字符号的含义。
2. 掌握电气图纸识读的基本要求、基本方法和基本步骤。
3. 了解三相笼型异步电动机基本控制电路的应用场合及安全要求。
4. 掌握三相笼型异步电动机基本控制电路的组成、工作原理及保护环节。
5. 能够识读与绘制三相笼型异步电动机基本控制电路原理图。
6. 具有分析、安装与调试三相笼型异步电动机基本控制电路的能力。

 知识图谱

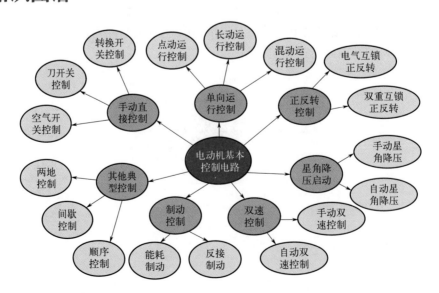

第一节　电动机手动直接启动控制电路

三相笼型异步电动机具有结构简单、运行稳定、维护方便、价格便宜等优点，在各行各业应用得十分广泛。本节介绍三种手动直接启停电动机的控制电路，对于容量较小、启动不频繁的电动机来说，是经济方便的启动控制方式。

一、电动机刀开关控制电路

1. 电路应用

用刀开关操控的小功率三相异步电动机直接启动和停止控制线路，在实际的生产作业中是最常见、最有用、最简单的一种有效方法，该电路用途甚广，如水泵、碾米机、磨面机等小型机械均可采用。小容量电路一般用胶盖刀开关，大容量的电路一般用铁壳刀开关。

2. 电路组成

图 1-3-1 所示为三相笼型异步电动机刀开关控制电路原理图，该电路所用电气元件及其用途见表 1-3-1。

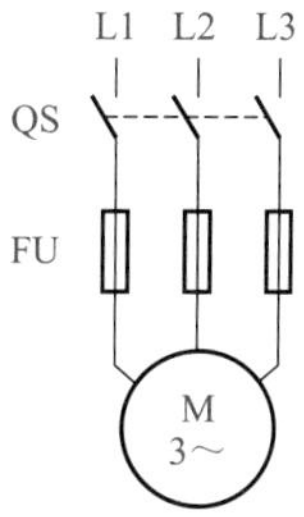

图 1-3-1　刀开关控制电路

表 1-3-1　电动机单向运行刀开关控制电路所用电气元件及其用途

元器件名称	用途
刀开关 QS	电动机运行控制开关
熔断器 FU	主电路短路保护
三相笼型异步电动机 M	将电能转换为机械能，拖动负载

3. 电路工作原理分析

（1）启动控制　推合刀开关 QS → 主电路被接通 → 电动机 M 启动运转。
（2）停止控制　拉开刀开关 QS → 主电路被切断 → 电动机 M 停止运转。

二、电动机自动空气开关控制电路

1. 电路应用

自动空气开关在功能上相当于刀开关、热继电器、过电流继电器和欠压继电器的组合，能有效地对负载电路进行短路、过载及失压欠压保护。用自动空气开关来控制电动机启动和停止，在电路出现故障时，自动空气开关可通过自身脱扣器自动断开电路，所以要合理选用带脱扣器的自动空气开关，从而实现对用电设备和线路的保护，该电路可用于不频繁地接通和分断电路的场合。

2. 电路组成

图1-3-2所示为电动机单向运行自动空气开关控制电路原理图，该电路所用电气元件及其用途见表1-3-2。

表1-3-2 电动机单向运行自动空气开关控制电路所用电气元件及其用途

元器件名称	用途
自动空气开关QF	电动机运行控制开关 具有短路与过载保护功能
三相笼型异步电动机M	将电能转换为机械能，拖动负载

3. 电路工作原理分析

（1）启动控制　推合自动空气开关QF→主电路被接通→电动机M启动运转。

（2）停止控制　拉开自动空气开关QF→主电路被切断→电动机M停止运转。

三、电动机转换开关控制电路

1. 电路应用

转换开关没有灭弧装置，在电气控制线路中常被作为电源的引入开关，可以用它来直接启动和停止小功率电动机，或实现电动机正反转控制等，控制电动机的功率一般不能超过5.5kW。在正转和反转切换时速度不能太快，否则会引起过大的反接制动电流，影响电器的使用寿命。

2. 电路组成

图1-3-3所示为电动机单向运行转换开关控制电路原理图，该电路所用电气元件及其用途见表1-3-3。

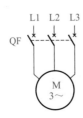

图1-3-2 空气开关控制电路

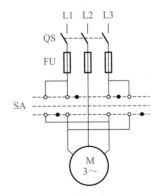

图1-3-3 转换开关控制电路

表 1-3-3　电动机单向或正反运行转换开关控制电路所用电气元件及其用途

元器件名称	用途
刀开关 QS	电源开关
熔断器 FU	主电路短路保护
转换开关 SA	电动机正转、反转和停止控制开关
三相笼型异步电动机 M	将电能转换为机械能，拖动负载

3. 电路工作原理分析

运行控制时先推合刀开关 QS→接通电源，再进行正—停—反控制操作。

（1）正转启动　将转换开关 SA 转动至正转挡位→正转主电路被接通→电动机 M 正转启动运转。

（2）停止控制　将转换开关 SA 转动至停止挡位→主电路被切断→电动机 M 停止转动。

（3）反转启动　将转换开关 SA 转动至反转挡位→反转主电路被接通→电动机 M 反转启动运转。

第二节　电动机单向运行控制电路

本节主要介绍三相笼型异步电动机单向运行的三种典型控制电路：点动控制电路、长动控制电路和混动控制电路。

一、电动机点动控制电路

1. 电路应用

点动控制电路的特点就是可实现即开即停，按下启动按钮电动机就启动运转，松开启动按钮电动机就停止运转。点动控制电路主要用于控制电动机的短时运转来实现快速行程，常用于起吊、生产设备调整工作状态时使用，例如电动葫芦的运动控制、机床刀架快速移动、机床对刀等场合。

2. 电路组成

图 1-3-4 所示为点动控制电路原理图，该电路所用电气元件及其用途见表 1-3-4。

3. 电路工作原理分析

先推合总电源控制开关自动空气开关 QF，后再进行启动和停止控制操作。

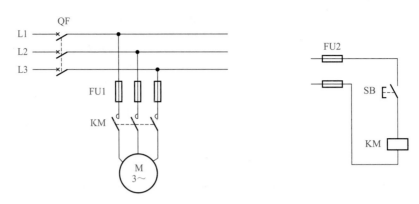

图 1-3-4　点动控制电路原理图

表 1-3-4　电动机点动控制电路所用电气元件及其用途

元器件名称	用途	元器件名称	用途
自动空气开关 QF	电源总开关	交流接触器 KM	电动机运行控制 失压和欠压保护
熔断器 FU1	主电路的短路保护	按钮 SB	点动按钮
熔断器 FU2	控制电路的短路保护	三相笼型异步电动机 M	将电能转换成机械能，拖动负载

（1）启动控制　按下启动按钮 SB 其常开触点动作闭合→接触器 KM 线圈得电吸合→KM 所有触点动作（主触点闭合、辅助常开触点闭合、辅助常闭触点断开）；KM 主触点闭合→电动机 M 启动运转。

（2）停止控制　松开启动按钮 SB 其常开触点复位断开→接触器 KM 线圈失电释放→KM 所有触点复位（主触点断开、辅助常开触点断开、辅助常闭触点闭合）；KM 主触点断开→电动机 M 停止运转。

二、电动机长动控制电路

1. 电路应用

在启动按钮两端并联一个接触器辅助常开触点（称作自锁触点），当松开启动按钮时，依靠自锁触点可以实现对接触器线圈的继续供电，即自锁功能。对于需要电动机长时间单向运行的设备来说，往往选择长动控制电路，例如中小型铣床、磨床、车床的主轴电动机的控制电路。

2. 电路组成

图 1-3-5 所示为电动机长动和混动控制主电路原理图，图 1-3-6 所示为长动控制电路原理图，该电路所用电气元件及其用途见表 1-3-5。

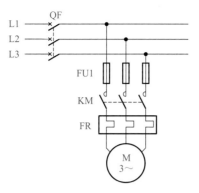
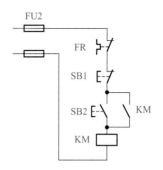

图 1-3-5　长动和混动控制主电路原理图　　　图 1-3-6　长动控制电路原理图

表 1-3-5　电动机长动控制电路所用电气元件及其用途

元器件名称	用途	元器件名称	用途
自动空气开关 QF	电源总开关	按钮 SB1	停止按钮
熔断器 FU1	主电路的短路保护	按钮 SB2	启动按钮
熔断器 FU2	控制电路的短路保护	热继电器 FR	过载保护
交流接触器 KM	电动机运行控制失压和欠压保护	三相笼型异步电动机 M	将电能转换成机械能，拖动负载

3. 电路工作原理分析

先推合总电源控制开关自动空气开关 QF，后再进行启动和停止控制操作。

（1）启动控制　按下启动按钮 SB2 其常开触点闭合→KM 线圈得电吸合；KM 主触点闭合→电动机 M 启动运转，KM 常开触点闭合（自锁）→松开 SB2 → KM 线圈由自锁线路维持供电→电动机 M 仍然运转。

（2）停止控制　按下停止按钮 SB1 其常闭触点断开→KM 线圈失电释放；KM 主触点断开→电动机 M 停止转动。

三、电动机混动控制电路

1. 电路应用

一些机电设备在日常的使用过程中，有时要用到电动机点动，有时需要电动机长时间连续运转。例如，机床设备在工件加工时需要电动机处在连续运转状态，但在试车或调整刀具与工件的相对位置时，又需要电动机可以进行点动控制，针对这类设备可以采用混动控制电路来实现相应的功能。

2. 电路组成

图 1-3-5 所示为电动机混动控制主电路原理图，图 1-3-7 所示为其控制电路原理图，它将点动与长动控制电路结合到一起，该电路所用电气元件及其用途见表 1-3-6。

表 1-3-6 电动机混动控制电路所用电气元件及其用途

元器件名称	用途	元器件名称	用途
自动空气开关 QF	电源总开关	按钮 SB1	停止按钮
熔断器 FU1	主电路的短路保护	按钮 SB2	长动按钮
熔断器 FU2	控制电路的短路保护	按钮 SB3	点动按钮
交流接触器 KM	电动机运行控制失压和欠压保护	三相笼型异步电动机 M	将电能转换成机械能，拖动负载
热继电器 FR	过载保护		

3. 电路工作原理分析

先推合总电源控制开关自动空气开关 QF，后再进行点动、长动和停止控制操作。

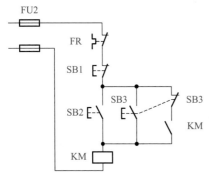

图 1-3-7 混动控制电路原理图

（1）长动启动 按下长动按钮 SB2→SB2 常开触点闭合→KM 线圈得电吸合；KM 主触点闭合→电动机 M 启动运转，KM 常开触点闭合（自锁）→松开 SB2 其常开触点断开→KM 线圈由自锁线路维持供电→电动机 M 仍然运转。

（2）停止控制 按下停止按钮 SB1→SB1 常闭触点断开→KM 线圈失电释放；KM 主触点复位断开→电动机 M 停止运转。

（3）点动控制 按下点动按钮 SB3→SB3 常闭触点先断开、常开触点后闭合；SB3 常开触点闭合→KM 线圈得电吸合→电动机 M 启动运转；SB3 常闭触点断开→KM 自锁线路被断开→松开 SB3→KM 线圈失电释放→电动机 M 停止运转。

第三节 电动机正反转控制电路

实际生产过程中，很多运动部件需要实现正向和反向两个方向的运动，这就需要电动机能够进行正向和反向的运转，根据三相异步电动机的工作原理，只要将接到电动机上的电源线中任意两相对调，即可实现正反转控制。

一、电动机无互锁正反转控制电路

1. 电路应用

电动机无互锁正反转控制电路，由两个电动机长动控制电路构成，即正转长动控制电路和反转长动控制电路。在进行正反转切换时必须经过停止按钮，如果在正反转切换操作中发生误操作，如在正转运行时误按下反转启动按钮，或在反转运行时误按下正转启动按钮，则会造成调相的两相电源短接，发生短路故障，所以这种无互锁正反转控制电路在实际中不会被采用。这里对此控制电路加以介绍，以便通过对比加深对电气互锁、机械互锁和双重互锁正反转控制电路的理解。

2. 电路组成

图 1-3-8 所示为正反转控制主电路原理图，图 1-3-9 所示为无互锁正反转控制电路原理图，该电路所用电气元件及其用途见表 1-3-7。

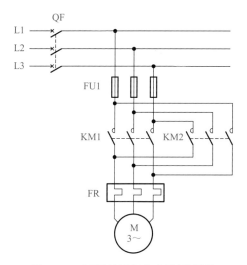

图 1-3-8　正反转控制主电路原理图

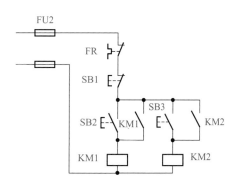

图 1-3-9　无互锁正反转控制电路原理图

表 1-3-7　电动机无互锁正反转控制电路所用电气元件及其用途

元器件名称	用途	元器件名称	用途
自动空气开关 QF	电源总开关	热继电器 FR	过载保护
熔断器 FU1	主电路短路保护	按钮 SB1	停止按钮
熔断器 FU2	控制电路短路保护	按钮 SB2	正转启动按钮
接触器 KM1	正转运行控制 失压和欠压保护	按钮 SB3	反转启动按钮
接触器 KM2	反转运行控制 失压和欠压保护	三相笼型异步电动机 M	将电能转换成机械能，拖动负载

3. 电路工作原理分析

先推合总电源控制开关自动空气开关 QF，后再进行正转、反转和停止控制操作。

（1）正转启动　按下正转启动按钮 SB2 → SB2 常开触点闭合 → KM1 线圈得电吸合；KM1 主触点闭合 → 电动机 M 正转运行，KM1 常开触点闭合（自锁）→ 松开 SB2 其常开触点断开 → KM1 线圈由自锁线路维持供电 → 电动机 M 仍然正转运行。

（2）停止控制　按下停止按钮 SB1 → SB1 常闭触点断开 → KM1（KM2）线圈失电释放 →

电动机 M 停止运行。

（3）反转启动　按下反转启动按钮 SB3 → SB3 常开触点闭合→ KM2 线圈得电吸合；KM2 主触点闭合→电动机 M 反转运行，KM2 常开触点闭合（自锁）→松开 SB3 其常开触点断开→ KM2 线圈由自锁线路维持供电→电动机 M 仍然反转运行。

二、电动机电气互锁正反转控制电路

1. 电路应用

电气互锁的机理就是，通过将两个交流接触器的辅助常闭触点分别接入到另一个交流接触器的线圈控制回路中，这种情况下，一个交流接触器通电动作，会使另一个交流接触器线圈回路被断开无法形成闭合回路。在正反转切换操作过程中，如发生误操作也不会造成被调相的两相电源短接，提高了电路的安全性。但在正反转切换时，不能实现正反转直接切换，必须先经过停止按钮，即只能实现"正—停—反"操作，在实际生产中广泛应用在不需要正反转直接切换的各种生产机械控制电路中。

2. 电路组成

图 1-3-10 所示为电气互锁正反转控制电路原理图，该电路所用电气元件及其用途同表 1-3-7。

3. 电路工作原理分析

先推合总电源控制开关自动空气开关 QF，后再进行正转、反转和停止控制操作。

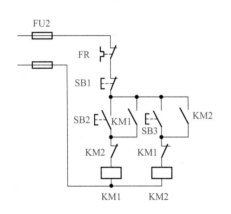

图 1-3-10　电气互锁正反转控制电路原理图

（1）正转启动　按下正转启动按钮 SB2 → SB2 常开触点闭合→ KM1 线圈得电吸合；KM1 主触点闭合→电动机 M 正转运行，KM1 常开触点闭合（自锁）→松开 SB2 其常开触点断开→ KM1 线圈由自锁线路维持供电→电动机 M 仍然正转运行，KM1 常闭触点断开（互锁）→ KM2 线圈回路被断开。

（2）停止控制　按下停止按钮 SB1 → SB1 常闭触点断开→接触器 KM1（KM2）线圈失电释放→电动机 M 停止运行。

（3）反转启动　按下反转启动按钮 SB3 → SB3 常开触点闭合→ KM2 线圈得电吸合；KM2 主触点闭合→电动机 M 反转运行，KM2 常开触点闭合（自锁）→松开 SB3 其常开触点断开→ KM2 线圈由自锁线路维持供电→电动机 M 仍然反转运行，KM2 常闭触点断开（互锁）→ KM1 线圈回路被断开。

三、电动机双重互锁正反转控制电路

1. 电路应用

机械互锁也称按钮联锁，它的互锁机理是将两个复合按钮的常闭触点分别串接到另一方的控制电路中，按下任一个按钮，都会使其常闭触点先断开→切断对方控制回路，常开触点后闭合→接入己方控制回路。双重互锁正反转控制电路，可以在电动机转动过程中直接进行正反转切换，不需要经过停止按钮，电动机正反转切换方便，操作安全，广泛应用于需要实现电动机"正—反—停"直接切换，且不需频繁操作的各种生产设备控制电路中。

2. 电路组成

图 1-3-11 所示为双重互锁正反转控制电路原理图，该电路所用电气元件及其用途同表 1-3-7。

3. 电路工作原理分析

先推合总电源控制开关自动空气开关 QF，后再进行正转、反转和停止控制操作。

（1）正转启动　按下正转启动按钮 SB2 → SB2 常闭触点先断开（机械互锁）→切断 KM2 线圈回路；SB2 常开触点后闭合→ KM1 线圈得电吸合；KM1 主触点闭合→电动机 M 正转运行，KM1 常开触点闭合（自锁）→松开 SB2 其常开触点先断开→ KM1 线圈由自锁线路维持供电→电动机 M 仍然正转运行，KM1 常闭触点断开（电气互锁）→松开 SB2 其常闭触点后闭合（机械互锁）→ KM2 线圈回路被电气互锁断开。

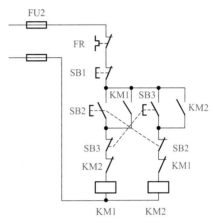

图 1-3-11　双重互锁正反转控制电路原理图

（2）反转启动　按下反转启动按钮 SB3 → SB3 常闭触点先断开（机械互锁）→切断 KM1 线圈回路；SB3 常开触点后闭合→ KM2 线圈得电吸合；KM2 主触点闭合→电动机 M 反转运行，KM2 常开触点闭合（自锁）→松开 SB3 其常开触点先断开→ KM2 线圈由自锁线路维持供电→电动机 M 仍然反转运行，KM2 常闭触点断开（电气互锁）→松开 SB3 其常闭触点后闭合（机械互锁）→ KM1 线圈回路被电气互锁断开。

（3）停止控制　按下停止按钮 SB1 → SB1 常闭触点断开→接触器 KM1（KM2）线圈失电释放→电动机 M 停止正转（反转）运行。

第四节　电动机星角降压启动控制电路

三相异步电动机全压启动时，启动电流可以达到额定电流的 4～7 倍。对于一些功率比较大的电动机（一般单台功率大于 10kW），若采用直接启动，过大的启动电流，会造成线路电压显著下降，会产生较大的机械冲击，频繁启动会使电动机严重发热造成电动机绝缘损坏烧毁电动机。因此，对于功率较大的电动机应采用降压启动的方法，降压启动的方法很多，本节介绍的电动机星角降压启动是降压启动方法中最常见的一种，星角降压启动可通过手动和自动控制方式实现。

一、电动机手动星角降压启动控制电路

1. 电路应用

电动机手动星角（Y-△）降压启动控制电路设备简单、操作方便、价格低廉，在实际生产中获得了广泛应用，凡是在正常运行时定子绕组作三角形联结的三相异步电动机，均可采用这种星角降压启动方式。

2. 电路组成

图 1-3-12 所示为电动机手动星角（Y-△）降压启动控制电路原理图，该电路所用电气元件及其用途见表 1-3-8。

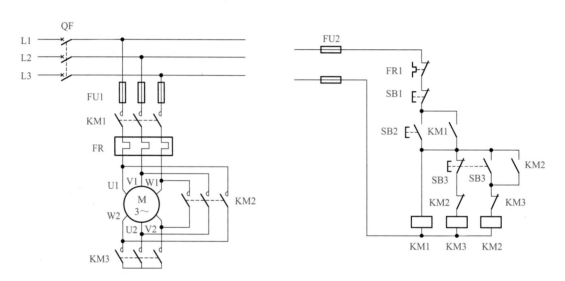

图 1-3-12　电动机手动星角（Y-△）降压启动控制电路原理图

表 1-3-8　电动机手动星角降压启动控制电路所用电气元件及其用途

元器件名称	用途	元器件名称	用途
自动空气开关 QF	电源总开关	按钮 SB1	停止按钮
熔断器 FU1	主电路短路保护	按钮 SB2	启动按钮
熔断器 FU2	控制电路短路保护	按钮 SB3	星角（Y-△）手动切换按钮
交流接触器 KM1	电动机运行控制 失压和欠压保护	热继电器 FR	过载保护
交流接触器 KM2	角形（△）联结控制 失压和欠压保护	三相笼型异步 电动机 M	将电能转换成机械能， 拖动负载
交流接触器 KM3	星形（Y）联结控制 失压和欠压保护		

3. 电路工作原理分析

先推合总电源控制开关自动空气开关 QF，后再进行启动、切换和停止控制操作。

（1）星形启动　按下启动按钮 SB2 其常开触点闭合→接触器 KM1 和 KM3 线圈得电吸合；KM1 和 KM3 主触点闭合→电动机 M 星形（Y）启动运转；KM1 常开触点闭合（自锁）→松开 SB2 其常开触点断开→KM1 和 KM3 线圈由 KM1 自锁线路维持供电→电动机 M 仍然星形（Y）运转；KM3 常闭触点断开（互锁）→KM2 线圈回路被断开。

（2）星角切换　按下切换按钮 SB3 其常闭触点先断开→KM3 线圈失电释放；KM3 主触点断开→电动机 M 停止星形（Y）运转，KM3 常闭触点闭合→SB3 常开触点后闭合→KM2 线圈得电吸合；KM2 主触点闭合→电动机 M 角形（△）启动运转，KM2 常开触点闭合（自锁）→松开 SB3 其常开触点断开→KM2 线圈由自锁线路维持供电→电动机 M 仍然角形（△）运转，KM2 常闭触点断开（互锁）→KM3 线圈回路被断开。

（3）停止控制　按下停止按钮 SB1 其常闭触点断开→接触器 KM1 和 KM2 线圈失电释放→电动机 M 停止运行。

二、电动机自动星角降压启动控制电路

1. 电路应用

在机电设备的电气控制中，手动星角（Y-△）降压切换操作不方便，切换时间也把握不准，往往需要能实现自动星角（Y-△）降压的切换控制，利用时间继电器可以精准地控制星角（Y-△）切换时间，避免了手动切换人为造成的误操作。

2. 电路组成

图 1-3-13 所示为电动机自动星角（Y-△）降压启动控制电路原理图，该电路所用电气元件及其用途见表 1-3-9。

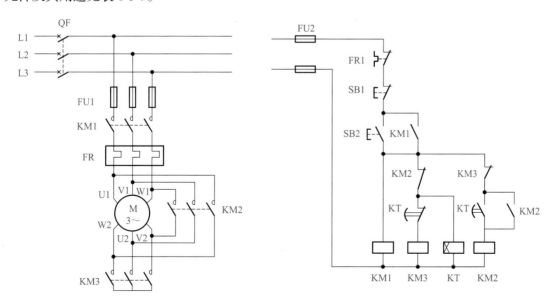

图 1-3-13　电动机自动星角降压启动控制电路原理图

表 1-3-9　电动机自动星角降压启动控制电路所用电气元件及其用途

元器件名称	用途	元器件名称	用途
自动空气开关 QF	电源总开关	按钮 SB1	停止按钮
熔断器 FU1	主电路短路保护	按钮 SB2	启动按钮
熔断器 FU2	控制电路短路保护	热继电器 FR	过载保护
交流接触器 KM1	电动机运行控制 失压和欠压保护	时间继电器 KT	星角（Y-△）自动切换控制
交流接触器 KM2	角形（△）联结控制 失压和欠压保护	三相笼型异步 电动机 M	将电能转换成机械能， 拖动负载
交流接触器 KM3	星形（Y）联结控制 失压和欠压保护		

3. 电路工作原理分析

先推合总电源控制开关自动空气开关 QF，后再进行启动和停止控制操作。

（1）星形启动　按下启动按钮 SB2 其常开触点闭合→接触器 KM1、KM3 线圈和时间继电器 KT 线圈同时得电；KM1 和 KM3 主触点闭合→电动机 M 星形（Y）启动运转，KM1 常开触点闭合（自锁）→松开 SB2 其常开触点断开→ KM1、KM3 线圈和 KT 线圈由 KM1 自锁线路维持供电→电动机 M 仍然星形（Y）运转，KM3 常闭触点断开（互锁）→ KM2 线圈回路被断开。

（2）星角切换　到达时间继电器 KT 整定时间时→ KT 延时触点动作（常闭延时触点断开，常开延时触点闭合）；KT 常闭延时触点断开→ KM3 线圈失电释放→电动机 M 停止星形（Y）运转；KM3 常闭触点闭合→ KT 常开延时触点闭合→ KM2 线圈得电吸合；KM2 主触点闭合→电动机 M 角形（△）启动运转，KM2 常开触点闭合（自锁）→松开 SB3 其常开触点断开→ KM2 线圈由自锁线路维持供电→电动机 M 仍然角形（△）运转，KM2 常闭触点断开（互锁）→ KM3 和 KT 线圈回路被断开。

（3）停止控制　按下停止按钮 SB1 其常闭触点断开→ KM1 和 KM2 线圈失电释放→电动机 M 停止运行。

第五节　电动机制动控制电路

电动机制动是在电力拖动系统的旋转轴上施加一个与旋转方向相反的转矩，使系统迅速地减速或停车，本节主要介绍电气制动中常用的能耗制动和反接制动控制电路。

一、电动机单向运行反接制动控制电路

1. 电路应用

三相异步电动机反接制动控制电路是利用改变电动机定子绕组的电源相序，使电动机定子绕组产生的旋转磁场改变方向，旋转磁场与转子惯性旋转方向相反，从而产生制动转矩，使电动机转速快速下降，达到迅速停车的目的。电动机反接制动广泛应用于生产中要求迅速停车的场合，适用于10kW以下的小容量电动机，特别是一些中小型普通车床、铣床中的主轴电动机的制动，常采用这种反接制动。

2. 电路组成

图1-3-14所示为电动机单向运行反接制动控制电路原理图，该电路所用电气元件及其用途见表1-3-10。

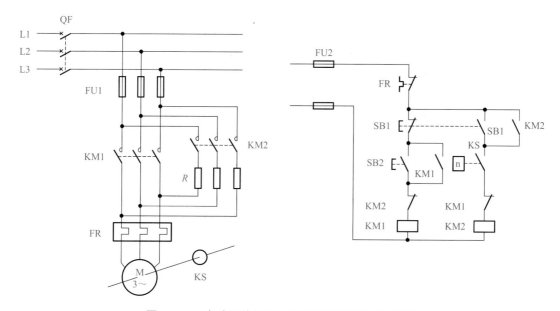

图 1-3-14　电动机单向运行反接制动控制电路原理图

表 1-3-10　电动机单向运行反接制动控制电路所用电气元件及其用途

元器件名称	用途	元器件名称	用途
自动空气开关 QF	电源总开关	按钮 SB1	停止按钮
熔断器 FU1	主电路短路保护	按钮 SB2	启动按钮
熔断器 FU2	控制电路短路保护	速度继电器 KS	自动切断反接制动电路
交流接触器 KM1	电动机正转运行控制 失压和欠压保护	热继电器 FR	过载保护
交流接触器 KM2	电动机反接制动控制 失压和欠压保护	三相笼型异步 电动机 M	将电能转换成机械能， 拖动负载
电阻 R	限制反接制动电流		

3. 电路工作原理分析

先推合总电源控制开关自动空气开关 QF，后再进行启动和停止控制操作。

（1）启动控制　按下启动按钮 SB2 其常开触点闭合→接触器 KM1 线圈得电吸合；KM1 主触点闭合→电动机 M 启动运转，KM1 常开触点闭合（自锁）→松开 SB2 其常开触点断开→KM1 线圈由自锁线路维持供电→电动机 M 仍然运转，KM1 常闭触点断开（互锁）→KM2 线圈回路被断开；当电动机 M 转速上升到一定数值后（一般 120r/min 以上）→速度继电器 KS 常开触点闭合→为反接制动做准备。

（2）停止控制　按下停止按钮 SB1 其常闭触点先断开→接触器 KM1 线圈失电释放→电动机 M 正转主电路被切断；SB1 常开触点后闭合→KM2 线圈得电吸合；KM2 主触点闭合→电动机 M 反接制动，KM2 常开触点闭合（自锁）→松开 SB1 其常开触点断开→KM2 线圈由自锁线路维持供电→电动机 M 仍然反接制动，KM2 常闭触点断开（互锁）→KM1 线圈回路被断开；当电动机 M 转速下降到一定数值后（一般 100r/min 以下）→KS 常开触点断开→KM2 线圈失电释放→电动机 M 停止运转。

二、电动机单向运行能耗制动控制电路

1. 电路应用

能耗制动是在电动机脱离三相交流电源之后，立即在其定子绕组上加一个直流电源，定子绕组中流过直流电流，产生了一个恒定不动的静止磁场；此时电动机的转子因惯性在磁场内旋转切割静止磁场，产生感生电流；在静止磁场和感生电流的相互作用下，产生一个阻碍转子转动的制动力矩，使电动机转速迅速下降，从而达到制动的目的。能耗制动一般用于电动机容量大和启动制动频繁的场合，如磨床、龙门刨床及组合机床的主轴定位等。

2. 电路组成

图 1-3-15 所示为电动机单向运行能耗制动控制电路原理图，该电路所用电气元件及其用途见表 1-3-11。

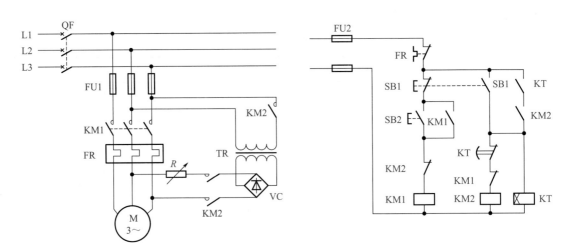

图 1-3-15　电动机单向运行能耗制动控制电路原理图

表 1-3-11　电动机单向运行能耗制动控制电路所用电气元件及其用途

元器件名称	用途	元器件名称	用途
自动空气开关 QF	电源总开关	按钮 SB1	停止按钮
熔断器 FU1	主电路短路保护	按钮 SB2	启动按钮
熔断器 FU2	控制电路短路保护	时间继电器 KT	自动切除能耗制动控制电路
交流接触器 KM1	电动机的运行控制 失压和欠压保护	热继电器 FR	过载保护
交流接触器 KM2	电动机的制动控制 失压和欠压保护	三相笼型异步 电动机 M	将电能转换成机械能， 拖动负载
可调电阻 R	调节制动电流的大小		

3. 电路工作原理分析

先推合总电源控制开关自动空气开关 QF，后再进行启动和停止控制操作。

（1）启动控制　按下启动按钮 SB 其常开触点闭合→接触器 KM1 线圈得电吸合；KM1 主触点闭合→电动机 M 启动运转，KM1 常开触点闭合（自锁）→松开 SB2 其常开触点断开→KM1 线圈由自锁线路维持供电→电动机 M 仍然运转，KM1 常闭触点断开（互锁）→KM2 线圈回路被断开。

（2）停止控制　按下停止按钮 SB 其常闭触点先断开→接触器 KM1 线圈失电释放→电动机 M 主电路被切断；SB1 常开触点后闭合→KM2 和 KT 线圈得电；KM2 主触点闭合→接入能耗制动电路，KM2 常开触点闭合与 KT 瞬时常开触点闭合串联（自锁）→松开 SB1 其常开触点断开→KM2 和 KT 线圈由自锁线路维持供电→电动机 M 仍然能耗制动，KM2 常闭触点断开（互锁）→KM1 线圈回路被断开；当到达 KT 整定时间时→KT 延时常闭触点断开→KM2 线圈失电释放→电动机 M 能耗制动结束停止运转。

第六节　双速电动机控制电路

电动机调速控制的方法有很多种，在企业实际生产中对于中小型设备应用较多的还是采用多速电动机配合机械变速系统来扩大调速的范围。这种方式只适用于笼型异步电动机，本节主要介绍常见的双速电动机调速控制电路。

一、双速电动机手动控制电路

1. 电路应用

双速电动机控制电路可以实现电动机高速运转和低速运转两种状态的切换，双速电动机手动控制电路适用于不需要无级调速的生产机械，主要应用于需要根据实际需求手动调节电动机转速的场合,如普通机床的主轴、风机、水泵、输送带等速度的调整。

2. 电路组成

图 1-3-16 所示为双速电动机手动控制电路原理图,该电路所用电气元件及其用途见表 1-3-12。

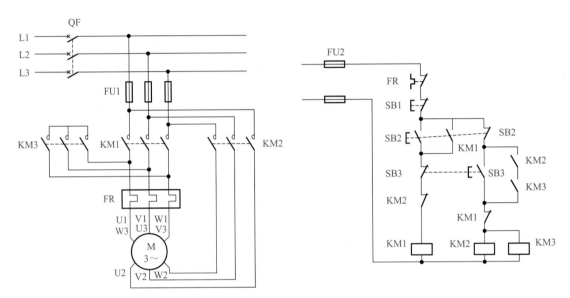

图 1-3-16 双速电动机角形变双星(△/YY)手动控制电路原理图

表 1-3-12 双速电动机自动控制电路所用电气元件及其用途

元器件名称	用途	元器件名称	用途
自动空气开关 QF	电源总开关	按钮 SB1	停止按钮
熔断器 FU1	主电路短路保护	按钮 SB2	低速启动按钮
熔断器 FU2	控制电路短路保护	按钮 SB3	高速启动按钮
交流接触器 KM1	角形(△)联结控制 失压和欠压保护	热继电器 FR	过载保护
交流接触器 KM2	与 KM3 一起控制双星形 (YY)联结 失压和欠压保护	三相笼型异步 电动机 M	将电能转换成机械能, 拖动负载
交流接触器 KM3	与 KM2 一起控制双星形 (YY)联结 失压和欠压保护		

3. 电路工作原理分析

先推合总电源控制开关自动空气开关 QF,后再进行低速、高速和停止控制操作。

(1)低速控制 按下低速启动按钮 SB2 其常闭触点先断开(机械互锁)→ KM2 和 KM3

线圈回路被断开→切断电动机 M 双星形（YY）高速控制回路；SB2 常开触点后闭合→KM1 线圈得电吸合；KM1 主触点闭合→电动机 M 角形（△）低速启动运转，KM1 常开触点闭合（自锁）→松开 SB2→KM1 线圈由自锁线路维持供电→电动机 M 仍然低速运转，KM1 常闭触点断开（电气互锁）→KM2 和 KM3 线圈回路被断开。

（2）高速控制 按下高速启动按钮 SB3 其常闭触点先断开（机械互锁）→KM1 线圈回路被断开→切断电动机 M 角形（△）低速控制回路；SB3 常开触点后闭合→KM2 和 KM3 线圈得电吸合；KM2 和 KM3 主触点闭合→电动机 M 双星形（YY）高速启动运转，KM2 和 KM3 常开触点闭合（自锁）→松开 SB3→KM2 和 KM3 线圈由自锁线路维持供电→电动机 M 仍然高速运转，KM2 常闭触点断开（电气互锁）→接触器 KM1 线圈回路被断开。

（3）停止控制 按下停止按钮 SB1→KM1、KM2、KM3 的线圈都失电释放→电动机 M 停止运转。

二、双速电动机自动控制电路

1. 电路应用

在企业实际生产中，一些机电设备为了减少高速启动时的能量损耗，在电动机启动时先按角形（△）联结低速启动，低速运行后让电动机自动转为双星形（YY）联结高速运行，特别适用于启动转矩较大的场合。

2. 电路组成

图 1-3-17 所示为双速电动机自动控制电路原理图，该电路所用电气元件及其用途见表 1-3-13。

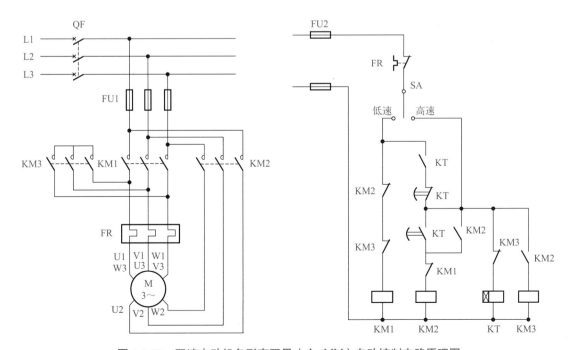

图 1-3-17 双速电动机角形变双星（△/YY）自动控制电路原理图

表 1-3-13　双速电动机自动控制电路所用电气元件及其用途

元器件名称	用途	元器件名称	用途
自动空气开关 QF	电源总开关	交流接触器 KM3	与 KM2 一起控制双星形（YY）联结 失压和欠压保护
熔断器 FU1	主电路短路保护	转换开关 SA	低速、高速和停止控制开关
熔断器 FU2	控制电路短路保护	热继电器 FR	过载保护
交流接触器 KM1	角形（△）联结控制 失压和欠压保护	时间继电器 KT	低速到高速的自动切换控制
交流接触器 KM2	与 KM3 一起控制双星形（YY）联结 失压和欠压保护	三相笼型异步电动机 M	将电能转换成机械能，拖动负载

3. 电路工作原理分析

先推合总电源控制开关自动空气开关 QF，后再进行低速、高速和停止控制操作。

（1）低速控制　将转换开关 SA 旋转至低速挡位→KM1 线圈得电吸合；KM1 主触点闭合→电动机 M 角形（△）低速启动运转，KM1 常闭触点断开（电气互锁）→KM2 线圈回路被断开。

（2）高速控制　将转换开关 SA 旋转至高速挡位→KT 线圈得电→KT 瞬时常开触点闭合→KM1 线圈得电吸合；KM1 主触点闭合→电动机 M 角形（△）低速启动运转，KM1 常闭触点断开（电气互锁）→KM2 线圈回路被断开；当 KT 达到设定时间后→KT 常闭延时触点断开→KM1 线圈失电释放；KM1 主触点断开→切除电动机 M 低速主电路，KM1 常闭触点复位闭合+KT 常开延时触点闭合→KM2 线圈得电吸合；与 KT 常开延时触点并联的 KM2 常开触点闭合（自锁）→当 KT 线圈断电后→KM2 线圈由自锁线路维持供电；与 KM3 线圈串联的 KM2 常开触点闭合→KM3 线圈得电吸合；KM2 和 KM3 主触点闭合→电动机 M 双星形（YY）高速启动运转；与 KM1 线圈串联的 KM2 和 KM3 常闭触点断开（电气互锁）→KM1 线圈回路被断开；与 KT 线圈串联的 KM3 常闭触点断开→KT 线圈断电。

（3）停止控制　将转换开关 SA 旋转至停止挡位→KM1、KM2、KM3 和 KT 的线圈都失电→电动机 M 停止运转。

第七节　电动机其他典型控制电路

本节介绍几种机床电气控制中常用到的电动机两地、间歇、顺序和位置控制电路，都是在工业生产中应用很广泛的电路。对于电气技术人员而言，看懂电路图是基本的技能，熟悉和了解常见的电动机典型控制电路也是十分必要的。

一、电动机两地(多地)控制电路

1. 电路应用

在一些大型机床设备中,为了操作方便,经常需要在两地或多地能启动或停止同一台电动机,这就需要能在多地点控制电路。通常把启动按钮并联在一起,来实现多地启动控制;而把停止按钮串联在一起,来实现多地停止控制。

2. 电路组成

电动机两地控制主电路和长动控制主电路相同,图 1-3-18 所示为其控制电路原理图,该电路所用电气元件及其用途见表 1-3-14。

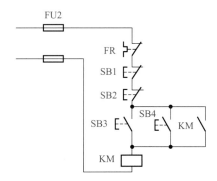

图 1-3-18 电动机两地控制电路原理图

表 1-3-14 电动机两地控制电路所用电气元件及其用途

元器件名称	用途	元器件名称	用途
自动空气开关 QF	电源总开关	按钮 SB2	乙地停止按钮
熔断器 FU1	主电路短路保护	按钮 SB3	甲地启动按钮
熔断器 FU2	控制电路短路保护	按钮 SB4	乙地启动按钮
交流接触器 KM	电动机运行控制 失压和欠压保护	热继电器 FR	过载保护
按钮 SB1	甲地停止按钮	三相笼型异步电动机 M	将电能转换成机械能,拖动负载

3. 电路工作原理分析

先推合总电源控制开关自动空气开关 QF,后再进行启动和停止控制操作。

(1) 甲地启动控制 甲地按下启动按钮 SB3 → KM 线圈得电吸合;KM 主触点闭合 → 电动机 M 得电启动运转,KM 常开触点闭合(自锁)→ 松开 SB3 → KM 线圈由自锁线路维持供电 → 电动机 M 仍然运转。

(2) 甲地停止控制 甲地按下停止按钮 SB1 → KM 线圈失电释放 → 电动机 M 失电停止运转。

（3）乙地启动控制 乙地按下启动按钮 SB4 → KM 线圈得电吸合；KM 主触点闭合→电动机 M 得电启动运转，KM 常开触点闭合（自锁）→松开 SB4 → KM 线圈由自锁线路维持供电→电动机 M 仍然运转。

（4）乙地停止控制 乙地按下停止按钮 SB2 → KM 线圈失电释放→电动机 M 失电停止运转。

二、电动机间歇控制电路

1. 电路应用

电动机间歇运行就是电动机在启动后，运行一段时间后自动停止，经过一定时间后再自动启动运行，时而运行时而停歇如此重复工作下去。电动机间歇运行电路应用很广泛，如机床设备的自动间歇润滑控制系统，润滑液可根据系统设置在规定的时间喷射润滑液，经过一定时间后停止，再经过一定时间后开始喷射。

2. 电路组成

电动机间歇控制主电路同长动控制主电路，图 1-3-19 所示为其控制电路原理图，该电路所用电气元件及其用途见表 1-3-15。

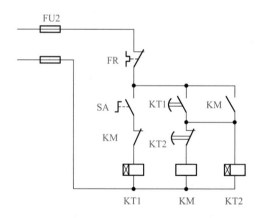

图 1-3-19 电动机间歇控制电路原理图

表 1-3-15 电动机间歇控制电路所用电气元件及其用途

元器件名称	用途	元器件名称	用途
自动空气开关 QF	电源总开关	时间继电器 KT1	电动机停止时间控制
熔断器 FU1	主电路短路保护	时间继电器 KT2	电动机运行时间控制
熔断器 FU2	控制电路短路保护	热继电器 FR	过载保护
交流接触器 KM	电动机运行控制 失压和欠压保护	三相笼型异步电动机 M	将电能转换成机械能，拖动负载
转换开关 SA	启动与停止控制开关		

3. 电路工作原理分析

先推合总电源控制开关自动空气开关 QF，后再进行启动和停止控制操作。

（1）启动控制　旋转转换开关 SA 置于运行挡位→KT1 线圈得电→当到达 KT1 整定时间时→KT1 常开延时触点闭合→KM 线圈和 KT2 线圈得电；KM 主触点闭合→电动机 M 启动运转，KM 常闭触点断开→KT1 线圈失电→KT1 常开延时触点断开，KM 常开触点闭合（自锁）→KT1 常开延时触点断开后→KM 和 KT2 线圈由自锁线路维持供电。

（2）停歇控制　到达 KT2 整定时间时→KT2 常闭延时触点断开→KM 线圈失电释放；KM 主触点断开→电动机 M 停止运转，KM 常闭触点闭合→KT1 线圈得电，KM 常开触点断开→KT2 线圈失电。

（3）间歇运行　当到达 KT1 整定时间时→电动机 M 又启动运转，同时 KT2 又开始计时；当到达 KT2 整定时间时→电动机 M 又停止运转，同时 KT1 又开始计时；KT1 和 KT2 如此重复计时→实现电动机 M 间歇运行。

（4）停止控制　旋转转换开关 SA 置于停止挡位→KT1 线圈回路被断开；当到达 KT2 整定时间时→KT1 线圈不再被接通→电动机 M 停止间歇运行。

三、电动机顺序启动控制电路

1. 电路应用

电动机顺序启动控制电路是一种应用于控制多个电动机依次运行和停止的电路，常用于主、辅设备之间的控制。某些生产机械装有多台电动机，因各台电动机所起的作用各不相同，有时需要按一定的顺序先后启动，才能保证操作过程的合理和工作的安全可靠。如机床中的主轴电动机启动后，进给电动机才能启动。

2. 电路组成

图 1-3-20 所示为电动机顺序启动控制电路原理图，该电路所用电气元件及其用途见表 1-3-16。

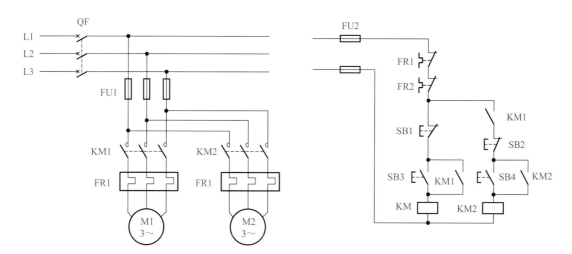

图 1-3-20　电动机顺序启动控制电路原理图

表 1-3-16　电动机顺序启动控制电路所用电气元件及其用途

元器件名称	用途	元器件名称	用途
自动空气开关 QF	电源总开关	热继电器 FR2	电动机 M2 过载保护
熔断器 FU1	主电路的短路保护	按钮 SB1	电动机 M1 停止按钮
熔断器 FU2	控制电路的短路保护	按钮 SB2	电动机 M2 停止按钮
交流接触器 KM1	电动机 M1 运行控制 失压欠压保护	按钮 SB3	电动机 M1 启动按钮
交流接触器 KM2	电动机 M2 运行控制 失压欠压保护	按钮 SB4	电动机 M2 启动按钮
热继电器 FR1	电动机 M1 过载保护	三相笼型异步电动机 M1、M2	将电能转换成机械能，拖动负载

3. 电路工作原理分析

先推合总电源控制开关自动空气开关 QF，后再进行启动和停止控制操作。

（1）M1 启动控制　按下启动按钮 SB2 → KM1 线圈得电吸合；KM1 主触点闭合→ M1 启动运转，与 SB2 并联的 KM1 常开触点闭合（自锁）→松开 SB2 → KM1 线圈由自锁线路维持供电→ M1 连续运转，与 KM2 线圈回路串联的 KM1 常开触点闭合→实现对 M2 的顺序启动控制。

（2）M2 顺序启动控制　在 M1 启动后→按下启动按钮 SB4 → KM2 线圈得电吸合；KM2 主触点闭合→ M2 启动运转，与 SB4 并联的 KM2 常开触点闭合（自锁）→松开 SB4 → KM2 线圈由自锁线路维持供电→ M2 连续运转。

（3）M2 单独停止控制　M1 和 M2 启动运转后→按下停止按钮 SB3 → KM2 线圈失电释放→ M2 停止运转。

（4）M1 和 M2 同时停止控制　M1 和 M2 启动运转后→按下停止按钮 SB1 → KM1 线圈失电释放→ M1 和 M2 同时停止运转。

四、电动机顺序启动顺序停止（又称逆序停止）控制电路

1. 电路应用

有些生产机械装有两台及以上的电动机，有时需要按照一定的顺序启动，并且按照一定的顺序停止，才能保证正常生产。如某些机床的主轴电动机和进给电动机，启动时要求主轴电动机启动后，进给电动机才能启动；停止时要求进给电动机停止后，主轴电动机才能停止。

2. 电路组成

图 1-3-21 所示为电动机顺序启动顺序停止控制电路原理图，该电路所用电气元件及其用途同电动机顺序启动控制电路。

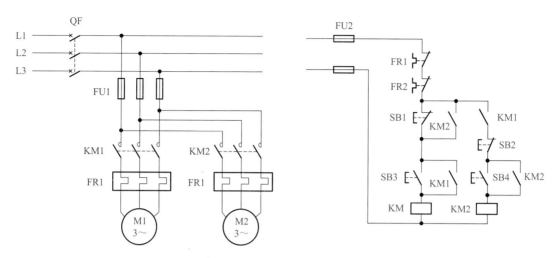

图 1-3-21　电动机顺序启动顺序停止控制电路原理图

3. 电路工作原理分析

先推合总电源控制开关自动空气开关 QF，后再进行顺序启动和顺序停止控制操作。

（1）M1 启动控制　按下启动按钮 SB2 → KM1 线圈得电吸合；KM1 主触点闭合 → M1 启动运转，与 SB2 并联的 KM1 常开触点闭合（自锁）→ 松开 SB2 → KM1 线圈由自锁线路维持供电 → M1 连续运转，与 KM2 线圈回路串联的 KM1 常开触点闭合 → 实现对 M2 的顺序启动控制。

（2）M2 顺序启动控制　在 M1 启动后 → 按下启动按钮 SB4 → KM2 线圈得电吸合；KM2 主触点闭合 → M2 启动运转，与 SB4 并联的 KM2 常开触点闭合（自锁）→ 松开 SB4 → KM2 线圈由自锁线路维持供电 → M2 连续运转，与 SB1 并联的 KM2 常开触点闭合 → 实现对 M2 的顺序停止控制。

（3）M2 停止控制　M1 和 M2 启动运转后 → 按下停止按钮 SB3 → KM2 线圈失电释放 → 电动机 M2 停止运转。

（4）M1 顺序停止控制　M1 和 M2 启动运转后 → 按下停止按钮 SB1 → 由于与 SB1 并联的 KM2 常开触点闭合 → KM1 线圈仍然得电；只有先使 M2 停止运转 → KM2 常闭触点复位闭合 → 按下停止 SB1 → KM1 线圈失电释放 → M1 停止运转。

五、电动机自动往返控制电路

1. 电路应用

企业中有些生产机械设备，要求工作台在一定范围内能自动往返运动，以便实现对工件的连续加工，提高生产效率，一般采用在往返运行路线的两头安装行程开关来实现位置控制。例如，万能铣床、龙门刨床、导轨磨床等，其工作台可按照设定要求自动往返运动。

2. 电路组成

图 1-3-22 所示为工作台自动往返工作示意图，电动机自动往返控制主电路同正反转控制

主电路，图 1-3-23 所示为其控制电路原理图，该电路所用电气元件及其用途见表 1-3-17。

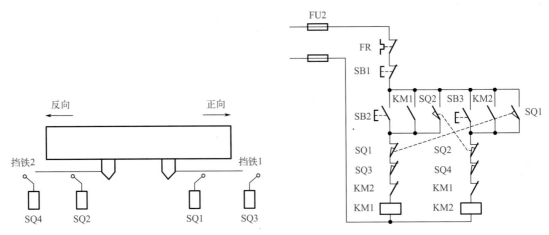

图 1-3-22　工作台自动往返工作示意图　　　图 1-3-23　电动机自动往返控制电路原理图

表 1-3-17　电动机自动往返控制电路所用电气元件及其用途

元器件名称	用途	元器件名称	用途
自动空气开关 QF	电源总开关	按钮 SB3	反转启动按钮
熔断器 FU1	主电路短路保护	行程开关 SQ1	反向自动往返开关
熔断器 FU2	控制电路短路保护	行程开关 SQ2	正向自动往返开关
交流接触器 KM1	电动机正转运行控制 失压和欠压保护	行程开关 SQ3	正向极限位置开关
交流接触器 KM2	电动机反转运行控制 失压和欠压保护	行程开关 SQ4	反向极限位置开关
按钮 SB1	停止按钮	热继电器 FR	过载保护
按钮 SB2	正转启动按钮	三相笼型异步电动机 M	将电能转换成机械能，拖动负载

3. 电路工作原理分析

先推合总电源控制开关自动空气开关 QF，后再进行正转（反转）启动、自动往返、正转（反转）手动停止和正转（反转）自动停止等控制操作。

（1）正转（反转）启动　按下正转启动按钮 SB2（反转 SB3）→ SB2（SB3）常开触点闭合→ KM1（KM2）线圈得电吸合；KM1（KM2）主触点闭合→ M 正转（反转）运行，KM1（KM2）常开触点闭合（自锁）→松开 SB2（SB3）其常开触点断开→ KM1（KM2）线圈由自锁线路维持供电→ M 仍然正转（反转）运行，KM1（KM2）常闭触点断开（互锁）→ KM2（KM1）线圈回路被断开。

（2）自动往返　当 M 正向（反向）运行到 SQ1（SQ2）位置时→撞块碰撞 SQ1（SQ2）；SQ1（SQ2）常闭触点先断开→ KM1（KM2）线圈失电释放→ M 停止正向（反向）运行，SQ1（SQ2）常开触点后闭合→ KM2（KM1）线圈得电吸合→ M 反向（正向）运行。

(3)正转(反转)手动停止　在电动机正转(反转)运行时→按下停止按钮 SB1 其常闭触点断开→ KM1(KM2)线圈失电释放→ M 停止正转(反转)运行。

(4)正转(反转)自动停止　当自动往返行程开关 SQ1(SQ2)损坏不能动作时→机械部件运动到正向(反向)限位位置时→撞块碰撞行程开关 SQ3(SQ4)→ SQ3(SQ4)常闭触点断开→ KM1(KM2)线圈失电释放→ M 停止正转(反转)运行。

章节测试

1. 电气原理图的作用是什么?什么是主电路?什么是控制电路?
2. 简述"自锁"控制电路与"点动"控制电路的区别。如何实现"自锁"?
3. 在电动机长动控制电路中,哪一个元器件具有短路保护的作用?哪一个元器件具有过载保护的作用?哪一个元器件具有失压和欠压保护的作用?
4. 简述"互锁"控制电路的作用。如何实现"互锁"?
5. 什么叫降压启动?电动机在什么情况下应采用降压启动?
6. 正常运行时定子绕组为星(Y)形联结的三相异步电动机,能否采用星-角(Y-△)降压启动?为什么?
7. 什么是能耗制动?什么是反接制动?各适用于什么场合?
8. 如何实现电动机的多地启动和停止控制?
9. 设计一个带正反转运行指示灯的电动机电气互锁正反转控制电路,绘制电路原理图,并要求有必要的保护环节。
10. 设计一个由主电路实现的两台电动机顺序启动控制电路,绘制电路原理图,并要求有必要的保护环节。

第三章动画

电机与电气控制技术

第二篇　项目篇

项目一　典型机床电气控制
项目二　电动机 PLC 控制

评价单 - 总

项目一
典型机床电气控制

典型机床的电气控制电路是由主令电器、接触器、继电器、保护电器和电动机等各种电气元件，按照一定的控制要求用导线连接而成的，不仅要求能够实现启动、正反转、制动和调速等基本要求，而且要满足生产加工工艺的各项要求，保证机床各种运动的相互协调、准确与可靠，因此机床电气控制电路是电动机基本控制电路的综合运用。

任务一　机床电气图的识读与绘制

◇ **知识目标**

1. 了解机床电气原理图的绘制原则。
2. 熟悉机床电气原理图中各种图形符号和文字符号的含义。
3. 掌握机床电气原理图的识读与分析方法。

◇ **能力目标**

1. 能正确识别机床电气原理图中各种图形符号和文字符号。
2. 能熟练识读典型机床电气原理图。

◇ **素质目标**

1. 树立遵循标准和规范的意识。
2. 培养自主学习和自我发展的能力。

相关知识

在生产工作中，电气设备安装、运行与维修等人员都要接触到各种各样的电气控制图，机床电气控制系统图是电气线路安装、调试、使用与维护机床的理论依据，主要包括电气原理图、电气元件布置图和电气安装接线图。其中，电气原理图是学生课堂学习的重点，电气元件布置图和电气安装接线图必须经过生产实践，积累一定的生产经验才能熟练掌握。

一、机床电气原理图的构成

电气原理图简称电气图,用于详细解读电气控制电路、设备或成套装置及其组成部分的构成及工作原理,表明电气控制系统中各个电气元件相互之间的关系和作用,为电气控制系统的安装、调试、运行维护和电路检测故障排查提供信息。机床电气原理图一般分为三大部分:主电路、控制电路和辅助电路。

1. 主电路

主电路是电动机驱动电路,就是从电源到电动机的电气回路。主电路的电流一般都较大,主要由电源、控制开关、保护元件、接触器主触点和电动机等电气元件组成。

2. 控制电路

控制电路是用来对主电路进行操作控制的电气回路。控制电路的电流一般较小,主要由控制电源、各种电气元件的常开(动合)和常闭(动断)触点、接触器和继电器的线圈等电气元件组合构成的逻辑控制电路,实现主电路所需要的控制功能。

3. 辅助电路

辅助电路包括照明电路、信号电路及保护电路等,是为机床提供照明、设备运行状态指示、故障报警及必要保护等的电气回路。主要由继电器和接触器的辅助触点、电器开关、照明灯、信号灯、控制变压器等电气元件组成。

二、机床电气原理图绘制的基本规则和要求

机床电气原理图的绘制有一些基本规则和要求,这些规则和要求是为了加强图纸的规范性、通用性和示意性而提出的,掌握这些规则和要求有助于我们对机床电气工作原理的分析。

1. 机床电气原理图的整体布局

电气原理图按主电路、控制电路和辅助电路分开绘制,电气原理图可水平布置、垂直布置或混合布置,一般都采用垂直布置。

(1)水平布置　电源线靠图面左侧垂直绘制,其他部分水平绘制;主电路绘制在图面上面,控制电路和辅助电路绘制在图面下面;电路中的耗能元件,如电动机、电器的线圈、电磁铁、信号灯等绘制在电路最右端。

(2)垂直布置　电源线靠图面上面水平绘制,其他部分垂直绘制;主电路绘制在图面左侧,控制电路和辅助电路绘制在图面右侧;电路中的耗能元件,如电动机、电器的线圈、电磁铁、信号灯等绘制在电路最下端。

(3)混合布置　电源线靠图面上面水平绘制,主电路垂直绘制,控制电路水平绘制。

2. 电气元件的图形符号和文字符号

图形符号和文字符号是用来表示一台设备、一个元件或概念的图形、标记或字符。文字符号是为了更明确地区分不同的设备、装置或电气元件,尤其是区分同类设备或元件中不同功能的设备或元件,还必须在图形符号旁标注相应的文字符号。

在电气制图时所用的图形符号和文字符号，必须遵守国家标准化管理委员会颁布的国家标准 GB/T 6988《电气技术用文件的编制》，国家标准 GB/T 4728.1～13《电气简图用图形符号》，国家标准 GB/T 5094《工业系统、装置与设备以及工业产品 结构原则与参照代号》，国家标准 GB/T 7159《电气技术中的文字符号制定通则》等标准。

3. 电气原理图图面区域的划分

一般机床电气控制电路所包含的电气元件和电气设备都比较多，其电气原理图的符号也非常多，通常在原理图上将图面划分成若干区域称为图区，以方框的形式放在图面的四周，并进行编号，以方便阅读和查找，如图 2-1-1 所示。

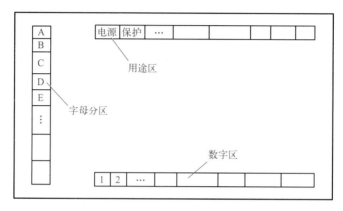

图 2-1-1 电气原理图图面区域的划分

（1）电路功能分区　在电气原理图的上方沿横坐标方向，按电路功能划分成若干个图区，并用文字标注在图区栏内，表明该栏对应下面电路或元件的功能和作用，以利于理解原理图各部分的功能及全电路的工作原理。

（2）触点索引分区　在电气原理图的下方沿横坐标方向，按一条回路或一条支路划分一个图区，并从左向右依次用阿拉伯数字 1、2、3、……编号标注在图区栏内，用于标注和查找电气元件各个触点的位置。

（3）线路检索分区　复杂电气原理图也可在图的左右两侧沿纵坐标方向划分区域，并从上往下依次用大写拉丁字母 A、B、C、D、……编号标注在图区栏内，以便于检索电气线路，方便阅读分析。

4. 触点位置的索引

电气原理图都是采用电气元件展开图的画法，由于接触器、继电器的线圈和其所控的触点在电气原理图中不是画在一起的，为了便于阅读查找，在接触器、继电器线圈的下方画出其触点的索引表，阅读时可以通过索引表方便地在相应的图区找到其触点。

（1）对于接触器　在每个接触器线圈的下方画两条竖直线，分成左、中、右三栏，把受其控制的触点所处的图区号按表 2-1-1 规定的内容填写，对备用的触点在相应的栏中用"×"标出（有时也可以略去不标出）。

（2）对于继电器　在每个继电器线圈的符号下方画一条竖直线，分成左、右两栏，把受其控制的触点所处的图区号按表 2-1-2 规定的内容填写，对备用的触点在相应的栏中用"×"标出（有时也可以略去不标出）。

表 2-1-1　接触器触点位置索引表

左栏	中栏	右栏
主触点 所在图区号	辅助常开触点 所在图区号	辅助常闭触点 所在图区号

表 2-1-2　继电器触点位置索引表

中栏	右栏
常开触点 所在图区号	常闭触点 所在图区号

5. 电气原理图中线号的标注

下面以图 2-1-2 为例，对电气原理图中线号的标注进行说明。

（1）回路标号的一般原则

① 回路标号一般由 1～3 位阿拉伯数字组成，需要标明回路的相别或某些主要特征时，可在数字标号的前面（或后面）加注文字符号。

② 回路标号是按"等电位"的原则进行标注的，即在电气回路中连接在同一点上的所有导线，须标注相同的回路标号。

③ 被电气设备的触点、线圈、绕组、电阻器、电容器等电气元件分隔开的线段，即视为不同的线段，一般给予不同的回路标号。

（2）主电路的线号

① 三相交流电源的引入线标号。按自上而下（或从左至右）的顺序用 L1、L2、L3 标注，L 代表相线（火线），1、2、3 分别代表三相电源的相别，中线（零线）用 N 表示。经电源开关后三相电源文字标号变为 U、V、W，这是因为电源开关前后属于不同的线段。

② 电动机主电路的标号。可从电源至电动机绕组自上而下（或从左至右）进行标注，各电动机支路中的接点标号采用在三相文字标号 U、V、W 后加两个数字来表示，数字的十位用来表示某个电动机的代号，个位数字表示该支路各接点的代号，每经过一个电气元件的接点，标号要递增。如 U11、V11、W11 为电动机 M1 支路的第 1 个接点代号，U12、V12、W12 为电动机 M1 支路的第 2 个接点代号，U21、V21、W21 为电动机 M2 支路的第 1 个接点代号，U22、V22、W22 为电动机 M2 支路的第 2 个接点代号，其他可以此类推。

③ 电动机绕组的标号。从左至右标注，首端分别用 U、V、W 标记，尾端分别用 U′、V′、W′ 标记，双绕组的中点用 U″、V″、W″ 标记。多台电动机采用在三相文字标号 U、V、W 后加一个数字来表示，如电动机 M1 绕组首端的标号为 U1、V1、W1，尾端用 U1′、V1′、W1′ 标记，电动机 M2 绕组首端的标号为 U2、V2、W2，尾端用 U2′、V2′、W2′ 标记，其他可以此类推。

（3）控制电路和辅助电路的线号

① 控制电路和辅助电路的线号采用 1～3 位阿拉伯数字，按"等电位"原则进行标注。通常的标注方法是首先编好电路的电源引线线号，然后按照由上而下、从左至右的顺序依次

进行编写，每经过一个触点线号依次递增，每一个电气接点有一个唯一的接线编号，电位相等的导线线号相同，接地线为"0"号线。

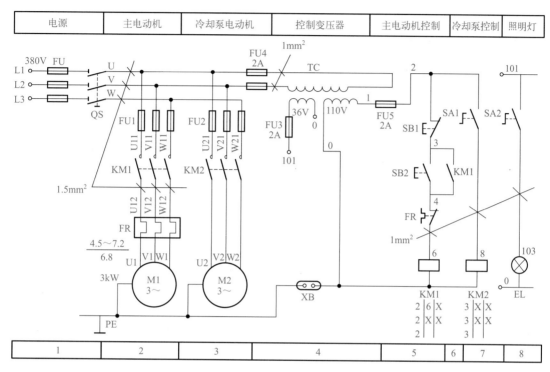

图 2-1-2　某机床电气控制线路原理图

② 控制回路通常从阿拉伯数字"1"开始，其他辅助电路可依次递增为 101、201、……作起始数字。

任务实施

识读电气原理图一般是以某一电机或电气元件为对象，从电源开始，由上而下，从左至右，逐一分析其接通断开关系，根据图区坐标所标注的检索和控制流程的方法，分析出各种控制条件与输出结果之间的因果关系，理清电路工作原理。识读方法可以概括归纳为十六字：从机到电、先主后控、化整为零、统观全局。学生可结合能接触到的实际机床，参照以下几个步骤进行机床电气原理图的识读。

第一步：看设备说明书

识读机床电气原理图前，对设备要有个总体了解，为分析电路做好前期准备。设备的实际电路往往比较复杂，有些还和机械、液压（气压）等部分相配合来实施控制。通过阅读设备说明书，了解机床的基本结构、运动形式、操作方法等，要弄清楚加工工艺对电机拖动与电气控制的基本要求。例如，电动机的数量、规格型号、安装位置、用途等，各台电动机是否有启动、反转、调速、制动等控制要求，需要哪些联锁保护，各台电动机的启动、停止顺序的要求等具体内容，并且要注意与机械、液压（气动）等部分的联合控制。

第二步：看图纸的功能栏

看电气原理图图纸上方的功能栏，分清主电路、控制电路和辅助电路，明确电路图中各个回路的作用，对电气原理图有个大致了解。

第三步：看主电路

① 看主电路电源。要了解电源电压等级，是 380V 还是 220V。

② 看清主电路中有哪些用电设备。机床中用电设备大多是电动机，要看清楚有几台电动机，各起什么作用，根据每台电动机的控制要求去分析各电动机的控制内容，如电动机启动、转向、制动、调速等基本控制环节。

③ 要弄清楚用电设备是用什么电气元件来控制的。控制电气设备的方式很多，有的直接用开关控制，有的用各种启动器控制，大多都用接触器控制。

④ 了解主电路中所用的控制电器及保护电器。控制电器是指除常规接触器以外的其他控制元件，如电源开关（空气开关、刀开关、负荷开关等）、倒顺开关、万能转换开关等。保护电器主要是指短路保护器件及过载保护器件，如空气开关中电磁脱扣器及热过载脱扣器，熔断器、热继电器及过电流继电器等电气元件。

第四步：看控制电路

分析控制电路，应根据主电路中各电动机的控制要求，将控制线路"化整为零"，按控制功能划分成若干个局部控制回路来进行分析，逐一找出控制电路中的各种控制环节。

① 看控制电路电源。首先，要看清电源的种类，是交流电源还是直流电源；其次，要看清电源是从什么地方接来的，以及它的电压等级。控制电路中的所有电气元件线圈的额定电压必须与控制电源电压一致。

② 了解清楚控制电路中所采用的各种继电器与接触器的用途及规格。如采用了一些特殊结构的继电器，还应了解它们的动作原理。

③ 结合主电路的控制要求来研究控制电路的动作过程。无论简单或复杂的控制电路，一般都是由各种电动机基本控制电路，如点动电路、长动电路、正反转电路、延时电路、联锁电路、顺控电路等电路组合而成的，用以控制主电路中受控设备的"启动""运动""停止"，使主电路中的设备按设计工艺的要求正常工作。

④ 研究电气元件之间的相互关系。电路中的一切电气元件都不是孤立存在的，而是相互联系、相互制约的，这种互相控制的关系有时表现在一条回路中，有时表现在几条回路中。对于控制电路的分析必须随时结合主电路的动作要求来进行，只有全面了解主电路对控制电路的要求以后，才能真正掌握控制电路的动作原理。

第五步：看辅助电路

辅助电路是除主电路和控制电路外的电路，一般包含信号电路、照明电路等。辅助电路主要为机床提供相关各部件的工作状态指示、电源指示、参数测定、照明和故障报警等信息。分析辅助电路的方法和控制电路基本相同，辅助电路中很多部分是由控制电路中的控制元件来控制的，所以分析时还要对照控制电路来进行分析。

第六步：统观全局总体检查

经过化整为零，逐步分析了每一局部电路的工作原理以及各部分之间的控制关系之后，应从整体角度检查整个控制线路，看是否有遗漏。进一步理解各控制环节之间的联系，以达到清楚地理解电路图中每一电气元件的作用、工作过程及主要参数，以及机、电、液（气）之间的配合情况，各种保护的设置等，以便对整个电路有一个清晰的理解，并对电路如何实现工艺全过程有个明确的认识。

任务评价

参照表 2-1-3，学生按要求完成任务内容，教师参照评分标准进行打分评价。

表 2-1-3 项目一任务一 任务评价单

班级：　　　　　　　　学号：　　　　　　　　姓名：

任务内容	配分	评分标准	得分
弄清主电路电压等级、控制开关及保护环节	5	弄错一个扣 2 分	
分析主电路中有几台电动机，各起什么作用	10	弄错或遗漏一个扣 5 分	
分析各电动机是用哪些电气元件来控制的，各起什么作用	10	弄错或遗漏一个扣 2 分	
分析各电动机有哪些基本控制环节	20	弄错一处扣 5 分	
弄清控制电路电压等级、控制开关及保护环节	5	弄错一个扣 2 分	
弄清控制电路中所用的各种继电器与接触器的用途及规格	10	弄错或遗漏一个扣 2 分	
分析控制电路的动作过程	20	弄错一处扣 5 分	
弄清辅助电路电压等级、控制开关及保护环节	5	弄错一个扣 2 分	
弄清辅助电路中所用电气元件的用途及规格	10	弄错或遗漏一个扣 2 分	
分析辅助电路的动作过程	5	弄错一处扣 2 分	
教师签字		总得分	

注：本书所有任务评价单仅供参考，表中内容可根据实际情况自行调整！扫描正文 120 页二维码可下载全部电子版。

任务二　机床电气故障的诊断与检修

◇ **知识目标**

1. 了解机床电气故障诊断的基本原则及分析方法。
2. 熟悉常用电工工具和仪表使用方法。
3. 掌握机床电气故障的检修方法。

◇ **能力目标**

1. 能熟练使用常用电工工具和仪表。

2. 能正确运用机床电气故障的检修方法。

◇ **素质目标**

1. 树立质量意识和安全意识。
2. 培养搜集、阅读和利用资料的能力。

相关知识

机床的电气故障种类繁多，故障现象各异，给检查维修带来一定困难。机床电气维修人员必须了解机床的基本结构和电气控制要点，掌握电力拖动中各个基本环节的原理，在此基础上还要具备机床电气故障的诊断与维修基本知识和方法，才能正确分析并尽快排除故障。

一、机床电气故障种类

在实际生产中，机床电气故障种类很多，常见的故障按产生原因，可分为自然故障和人为故障两大类。

1. 自然故障

自然故障是指机床在运行过程中，由于受到不可避免的机械振动、电流热效应和周围环境等许多不利因素的影响，机床电气设备中出现的各种各样的故障。

① 电源故障。电压过高或过低、电源缺相等供电线路的故障。

② 元器件故障。各类控制开关、接触器、继电器等电气元件的故障。

③ 接线故障。接线松脱或者接触不良等电气控制线路的故障。

2. 人为故障

人为故障是指机床在运行过程中，由于受到不应有的机械外力的破坏、操作不当、安装不合理等人为因素造成的各类故障。

① 有明显的故障现象易被发现。由于电机电器的绕组过载、绝缘击穿、短路或接地所引起的电机电器发热、冒烟、冒火花或者散发出焦煳味等故障现象。

② 无明显的故障现象难被发现。控制线路导线损坏断裂、线头接触不良或脱落、电气元件调整不当等原因所造成的故障，这一类故障是控制电路的主要故障。

二、机床故障诊断的基本原则

当机床在运行过程中发生故障后，应立即切断电源进行检修。为了尽快找到故障原因，确定故障部位，及时排除解决故障，维修时应遵循以下几项原则。

1. 先外后内

机床是集机械、电气、液压（气动）为一体的设备，故其故障的发生也会由这三者综合反映出来。维修人员应通过"问、看、听、摸、嗅"等方法，先由外部向内部逐一进行排查，先通过分析的方式大致确定发生故障的原因和位置，然后再开展排查工作。尽量避免随意地启封、拆卸，否则会扩大故障，使机床元气大伤、精度丧失、性能降低。

2. 先机后电

一般来说，机械性故障较易发觉，而机床电气系统故障的诊断则难度较大些。机床出现的同一故障现象，原因是多种多样的，从大量的实践经验来看，大部分机床故障是机械故障。因此，在故障检修之前，首先检查机械部分是否正常，注意排除机械性的故障，往往可达到事半功倍的效果。

3. 先静后动

出现故障后，维修人员不可盲目动手，在询问操作人员故障发生的过程及状态，阅读机床说明书、图样资料后，方可动手查找故障。先在机床断电的静止状态下，通过了解、观察和测试，分析确认为非破坏性故障后，方可给机床通电，在运行工况下，进行动态的观察、检验和测试，查找故障原因。而对于破坏性故障，必须先排除危险后，方可通电。

4. 先易后难

当出现多种故障互相交织掩盖，一时无从下手时，就先解决容易的问题，后解决难度较大的问题。简单问题解决后，难度大的问题也可能变得容易了。

三、机床电气故障分析方法

1. 调查研究法

主要是用"问、看、听、摸、嗅"的方法来初步确定故障范围。

① "问"是向机床的操作者了解机床发生故障前后的工作现象，故障是偶尔发生还是经常发生，持续多长时间了，是否有冒烟、冒火、异常声响和气味出现，是否改动过控制线路，或者更换过电气元件等。

② "看"是重点查看继电器等保护类电器是否已动作，熔断器的熔丝是否熔断，电器元件及导线连接处是否松动或脱落，导线的绝缘是否破损、有无明显烧毁的痕迹等。

③ "听"是若机床还能开动，在不损坏设备和扩大故障范围的前提下启动机床，听听电动机、控制变压器、接触器、继电器等电气元件是否有异常声和闭合声，运行中的声音与正常运行时有无明显差异等。

④ "摸"是在确保人员和设备安全的情况下，在机床电气设备运行一段时间后切断电源，用手摸摸电动机及各种电气元件的外壳，试试其温度是否显著上升，是否有局部过热现象。

⑤ "嗅"是如故障刚发生不久，有焦煳味等异味出现时，维修人员可用闻闻的方法，大致判断故障的可能范围。

2. 通电试验法

常规的外部检查发现不了故障时，在不损伤电气和机械设备的条件下，可开展通电试验。通电检查前，要尽量使电机与传动的机械部分脱开，以避免运动部件发生误碰撞，造成故障进一步扩大。通电试验要逐步进行，对机床的所有功能一个一个地进行操作演示，每次通电检查的部位不要太大，范围越小故障越明显。

3. 原理分析法

对于比较复杂的机床电气线路，电气维修人员必须熟悉和理解机床的电气原理图，这样才能正确判断和迅速排除故障。分析电路时，通常首先从主电路中使用接触器的主触点的连接方式，大致可看出电动机是否有正反转控制、是否采用了降压启动、是否有制动控制、是否有调速控制等控制环节；再从接触器主触点的文字符号在控制电路中找到相应的控制电路，结合机床对控制线路的要求和前面所提到的各种基本控制电路的知识，逐步深入分析各个控制电路原理，找出控制环节、电气元件和故障现象之间的关系，便可迅速判断出故障发生的可能范围，以便进一步用电工工具和仪表找出故障发生的确切部位。

四、常用电工测试工具和仪表的使用方法

常用的测试工具和仪表有试电笔、万用表、电压表、电流表、兆欧表等，用来测量电气线路中的电压、电流、电阻等参数，以判断电气元件的好坏、设备的绝缘情况和线路的通断。下面介绍机床电气故障诊断与维修中常用的试电笔和数字万用表。

1. 试电笔

试电笔也叫测电笔，简称"电笔"，是用来检测导线、电器和电气设备的金属外壳是否带电的一种电工工具。试电笔也有很多种类型，常用的有氖管式和数显式两种，如图 2-1-3 所示。

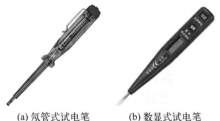

(a) 氖管式试电笔　　(b) 数显式试电笔

图 2-1-3　氖管式与数显式试电笔外观

（1）氖管式试电笔　使用试电笔时，以中指和拇指把持电笔笔身，食指接触电笔尾端金属笔盖或者笔挂，用笔尖去接触测试点，并同时观察氖管是否发光。只要带电体、电笔、人体和大地构成通路，并且带电体与接地之间电位差大于60V时，氖泡就会产生辉光，从而告诉人们，被测物体带电，并且超过了一定的电压强度。

① 用来判别直流电和交流电。测量的过程中，可以直接观察电笔氖泡的电极，如果氖泡两极都发光，说明是交流电。如果氖泡只有一个极能够发光，则说明是直流电。

② 用来判别火线和零线。在测试交流电路时，与测量物体接触时氖泡发光的就是火线，不发光的就是零线。

③ 用来判别直流电的正负极。在测试直流电路时，与测量物体接触时氖泡发亮的一极就是负极，不发亮的那一极就是正极。

④ 用来判别电压的高低。普通低压试电笔的电压测量范围大致在 60～500V 之间，有经验的电工可根据经常使用的试电笔氖泡发光的强弱来估测电压的大致数值，辉光强弱与两极间电压成正比，氖泡越亮说明电压越高。

⑤ 用来检查相线是否碰壳。用试电笔接触电气设备的金属壳体，若氖泡发光，则有因相线碰壳而漏电的现象。

（2）数显式试电笔　它可通过在绝缘皮外侧利用电磁感应探测，并将探测到的信号经放大后利用显示屏显示来判断物体是否带电，适用于直接检测 12～250V 的交直流电，可隔着绝缘层检测交流电的相线、零线和断点，还可测量导体的通断。

① 直接测量。按住 A 键，将笔头直接接触带电体，数显式试电笔的显示屏上将分段显示电压（一般数显式试电笔分为 12V、36V、55V、110V、220V 五段电压值），最后显示数字为所测电路电压等级；未到高段显示值 70% 时，显示低段值；测量非对地的直流电时，手应触碰另一极。

② 感应测量。按住 B 键，将笔头靠近被检测物体（注意是靠近而不是直接触碰），如果被检测物体带电，数显式试电笔的显示屏上将显示高压符号。

③ 断点检测。按住 B 键，将笔头靠近电线，或者直接接触电线绝缘外皮，沿电线移动时，显示屏上无高压符号显示处即为断点处。

2. 数字式万用表

万用表是一种多功能、多量程的测量仪表，是电气技术人员不可缺少的测量仪表，一般以测量电压、电流和电阻为主要目的。万用表按显示方式分为数字式万用表和指针式万用表，如图 2-1-4 所示。数字式万用表的测量值是由液晶显示屏直接以数字的形式显示的，读取方便，有些还带有语音提示功能。指针式万用表的测量值是由表头指针指示读取的。

① 电阻的测量（常用）。将红表笔插入 "VΩ" 插孔中，黑表笔插入 "COM" 插孔中，估算电阻的大小，把量程旋钮打到 "Ω" 量程挡适当位置，将红、黑两表笔分别接触被测量设备两端，显示屏会显示测量电阻值，观察读数即可。

(a) 数字式万用表　　(b) 指针式万用表

图 2-1-4　数字式万用表与指针式万用表的外观

② 交、直流电压的测量（常用）。将红表笔插入 "VΩ" 插孔中，黑表笔插入 "COM" 插孔中，根据测量电压的大小，把旋钮打到 "V～"（交流 AC）或 "V-"（直流 DC）量程挡适当位置，红、黑两表笔接电源或被测设备电源两端，显示屏会显示测量电压值，观察读数即可。

③ 交、直流电流的测量（少用）。将红表笔插入 "A" 或 "mA" 插孔中，黑表笔插入 "COM" 插孔中，估算电流的大小，把旋钮打到 "A～"（交流 AC）或 "A-"（直流 DC）量程挡适当位置，先断开被测线路，将红、黑两表笔分别接触被断开线路的两端，显示屏会显示测量电流值，观察读数即可。

④ 短路的测量（常用）。将红表笔插入 "VΩ" 插孔中，黑表笔插入 "COM" 插孔中，将选择开关转到 "蜂鸣" 挡（二极管）位置，两表笔分别测试点，若有短路，则蜂鸣器会响，显示屏会显示 "0" 值。另外，当被测回路电阻大于 100Ω 时，蜂鸣器不会响，显示屏会显示回路电阻值。

任务实施

机床电气故障诊断与维修中，常用万用表测量线路及电气元件的电压和电阻值，常用的检修方法有电压法、电阻法和短接法等。学生可结合某一电动机的实际控制电路，利用万用表进行电压法、电阻法和短接法的检修训练。

第一步：电压分段测量法

用万用表测量相邻两个线号点之间的电压值，当测量到某相邻两点的电压值与正常值不符时，则说明该处为故障点。如图 2-1-5（a）所示，检查时两人配合进行，首先用万用表测量 1—0 线号两点之间的电压，若电路正常应为 110V。然后一人按下启动按钮 SB2 不放，另一人将红、黑两表笔逐段测量相邻线号 1—2、2—3、3—4、4—5、5—6 两点之间的电压。如电路正常，各段两点间的电压都等于 0；如测到 3—4 两点间的电压为 110V，说明热继电器 FR1 触点连接线接触不良或断路。电压分段测量法判断故障结果，见表 2-1-4。

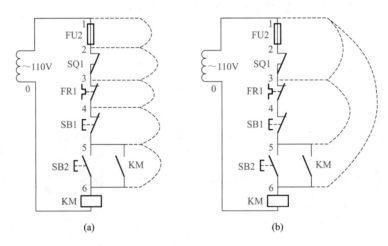

图 2-1-5 电气故障检修测量示意图

表 2-1-4 电压分段测量法判断故障结果

测试状态	测量点线号	电压值	故障点
按下 SB2 不放	1—2	110V	熔断器 FU2 熔体熔断或接触不良
	2—3		位置开关 SQ1 动合触点接触不良
	3—4		热继电器 FR1 动断触点接触不良
	4—5		停止按钮 SB1 动断触点接触不良
	5—6		启动按钮 SB2 动合触点接触不良

第二步：电压分阶测量法

用万用表一次测量多个线号点之间的电压值，当测量到某两点的电压值与正常值不符时，便可确定故障点范围。如图 2-1-5（b）所示，检查时两人配合进行，首先用万用表测量 1—0 号两点之间的电压，若电路正常应为 110V。然后一人按下启动按钮 SB2 不放，另一人将红、黑两表笔分阶测量不相邻线号 1—6、1—3、3—5 两点之间的电压，电路正常情况下，各阶的电压值均为 110V。如测到 1—3 之间无电压，故障点可缩小到 1—3 的电路上，再测 1—2、2—3 之间电压，以确定具体故障点。

第三步：电阻分段测量法

用万用表测量相邻线号两点之间的电阻值，当测量到某相邻两点的电阻值与正常值不符时，则说明该两点间所包含的触点、连接导线接触不良或者断路。如图 2-1-5（a）所示，首先用万用表测量 1—0 线号两点之间的电压，若电路正常应为 110V，然后断开电源开关，确保在控制电路断电的情况下，可两人配合操作，一人按住启动按钮，另一人将万用表置于 $R\times100$ 或 $R\times1k$ 挡（小挡位），用红、黑两表笔逐一测量 1—2、2—3、3—4、4—5、5—6 线号间的电阻值。正常情况下，测得相邻两点的电阻值为 "0"，说明线路和两点间电气元件触点正常；若测得阻值为 "无穷大"，说明对应点间的连接线或电气元件触点可能接触不良或已开路。电阻分段测量法判断故障结果，见表 2-1-5。

表 2-1-5　电阻分段测量法判断故障结果

测试状态	测量点线号	电阻值	故障点
按下 SB2 不放	1—2	无穷大	熔断器 FU2 熔体熔断或接触不良
	2—3		位置开关 SQ1 动合触点接触不良
	3—4		热继电器 FR1 动断触点接触不良
	4—5		停止按钮 SB1 动断触点接触不良
	5—6		启动按钮 SB2 动合触点接触不良

第四步：电阻分阶测量法

将万用表的一支表笔固定接触在控制电路的一端（一般为 1 号线或 0 号线端），另一支表笔逐阶测量其他线号点间的电阻值，当测量到某阶的电阻值与正常值不符时，则可确定故障点范围。如图 2-1-5（b）所示，首先用万用表测量 1—0 线号两点之间的电压，若电路正常应为 110V，然后断开电源开关，确保在控制电路断电的情况下，可两人配合操作，一人按住启动按钮，另一人将红、黑两表笔分阶测量不相邻线号 1—6、1—3、3—5 两点之间的电阻值。正常情况下，各阶电阻值都为 "0"，说明线路和两点间电气元件触点正常；若测得阻值为 "无穷大"，表示对应点间的连接线或电气元件触点可能接触不良或已开路。

第五步：局部短接法

用一根绝缘良好的硬导线依次短接相邻的两个触点来检查故障，在短接过程中电路被接通，则说明该处断路。如图 2-1-5（a）所示，检查时两人配合进行，首先用万用表测量 1—0

线号两点之间的电压，若电路正常应为110V，然后一人按下启动按钮SB2不放，另一人可用一根绝缘良好的硬导线分别短接1—2、2—3、3—4、4—5、5—6相邻两点，注意不能短接1—0两点，以防电路短路。当短接到某两点间时，接触器KM吸合，说明断路故障在这两点之间。局部短接测量法判断故障结果，见表2-1-6。

表2-1-6 局部短接法判断故障结果

测试状态	短接点线号	电路状态	故障点
按下SB2不放	1—2	KM吸合	熔断器FU2熔体熔断或接触不良
	2—3		位置开关SQ1动合触点接触不良
	3—4		热继电器FR1动断触点接触不良
	4—5		停止按钮SB1动断触点接触不良
	5—6		启动按钮SB2动合触点接触不良

第六步：长短接法

用一根绝缘良好的硬导线一次短接多个触点来检查故障，与局部短接法不同，长短接法的作用是可以把故障范围缩小到一个较小的范围，以提高维修速度。如图2-1-5（b）所示，首先用万用表测量1—0线号两点之间的电压，若电路正常应为110V，然后一人按下启动按钮SB2不放，另一人可用一根绝缘良好的硬导线先短接1—6，若KM能吸合，则说明KM线圈正常；再短接1—5、1—3、……，若测得1—3时KM不能吸合，故障点可缩小到1—3的电路上，然后再短接1—2、2—3，最后确定故障点。

注意：在实际机床电气设备的维修作业中，电压法、电阻法和短接法并不是单独使用的，通常需要多种方法结合才能达到维修的目的。机床电气设备的故障也不是千篇一律的，即便是同一故障现象，发生故障的部位也有可能不同，在维修中应结合各种检修方法灵活处理。

任务评价

参照表2-1-7，学生按要求完成任务内容，教师参照评分标准进行打分评价。

表2-1-7 项目一任务二 任务评价单

班级： 学号： 姓名：

任务内容	配分	评分标准	得分
用电压分段测量法检测电路故障点	10	弄错一次扣3分	
用电压分阶测量法检测电路故障点	10	弄错一次扣3分	
用电阻分段测量法检测电路故障点	10	弄错一次扣3分	

续表

任务内容	配分	评分标准	得分
用电阻分阶测量法检测电路故障点	10	弄错一次扣 3 分	
用局部短接法检测电路故障点	10	弄错一次扣 3 分	
用长短接法检测电路故障点	10	弄错一次扣 3 分	
正确使用设备和工具	10	错误使用一次扣 5 分	
规范操作意识	10	操作不规范一次扣 5 分	
团队协作意识	10	组员缺乏合作意识扣 10 分	
安全意识	10	缺乏安全意识扣 10 分	
教师签字		总得分	

任务三 CA6140 型车床电气控制

◇ **知识目标**

1. 了解 CA6140 型车床的结构和运动形式。
2. 掌握 CA6140 型车床的电力拖动控制要求及电气控制工作原理。
3. 熟悉 CA6140 型车床常见的电气故障。

◇ **能力目标**

1. 能熟练识读 CA6140 型车床的电气控制原理图。
2. 能正确分析 CA6140 型车床的电气控制电路工作原理。
3. 能检查判断 CA6140 型车床常见的电气故障。

◇ **素质目标**

1. 培养勤于思考和严谨认真的品质。
2. 培养分析问题和解决问题的能力。

相关知识

一、CA6140 型车床简介

1. CA6140 型车床的功能

CA6140 型车床通用性强，主要用于加工各种轴类、套筒类、轮盘类等回转体零件上的回转表面，可车外圆、车端面、车各种螺纹、车内外圆锥面、车特型面等。

2. CA6140 型车床的基本结构

图 2-1-6 所示为 CA6140 型车床，它主要由床身、主轴箱、尾座、刀架、溜板箱、挂轮箱、进给箱、丝杠、光杆等几部分组成。

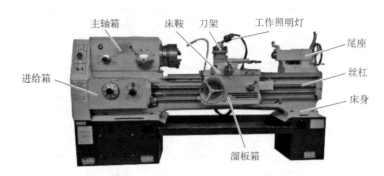

图 2-1-6　CA6140 型车床外观结构示意图

（1）床身　固定在左床腿和右床腿上，是机床的基本支撑件。在床身上安装着机床的各个主要部件，工作时床身使它们保持准确的相对位置。

（2）主轴箱　固定在机床身的左端，装在主轴箱中的主轴通过卡盘或夹头等夹具装夹工件。主轴箱的功用是支撑并传动主轴，使主轴带动工件按照规定的转速旋转。

（3）床鞍和刀架　床鞍位于床身的中部，并可沿床身上的刀架轨道作纵向移动。刀架部件位于床鞍上，其功能是装夹车刀，并使车刀作纵向、横向或斜向运动。

（4）尾座　位于床身的尾座轨道上，并可沿导轨纵向调整位置。尾座的功能是用后顶尖支撑工件。在尾座上还可以安装钻头等加工刀具，以进行孔加工。

（5）进给箱　固定在床身的左前侧、主轴箱的底部。其功能是改变被加工螺纹的螺距或机动进给的进给量。

（6）溜板箱　固定在刀架部件的底部，可带动刀架一起作纵向、横向进给、快速移动或螺纹加工。在溜板箱上装有各种操作手柄及按钮，工作时工人可以方便地操作机床。

3. CA6140 型车床的型号含义

CA6140 型车床是一种在原 C620 型普通机床的基础上加以改进而来的卧式车床，CA6140 所代表的具体含义如下。

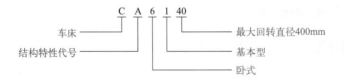

二、CA6140 型车床的运动形式

CA6140 型车床主运动和进给运动示意图，如图 2-1-7 所示。

（1）主运动　指工件的旋转运动。主轴通过卡盘或夹具固定工件，带动工件的旋转运动。

（2）进给运动　指溜板箱带动刀架的纵向和横向直线运动。其中，纵向运动是指相对于操作者向前或向后的运动，横向运动是指相对于操作者向左或向右的运动。

（3）辅助运动　指车床上除切削运动以外的其他运动。包括刀架的快速移动、工件的夹紧与松开、尾架的纵向移动等。

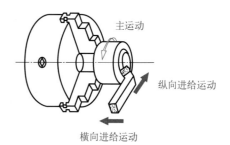

图 2-1-7　CA6140 型车床主运动和进给运动示意图

三、CA6140 型车床的电力拖动及控制要求

1. 主轴电动机 M1 的拖动及控制要求

为保证螺纹加工的质量，要求工件的旋转速度与刀具的进给速度保持严格的比例关系，为此，CA6140 型车床的溜板箱与主轴变速箱之间通过齿轮传动来连接，用同一台电动机来拖动。车削加工时一般不要求反转，但在加工螺纹时，为避免乱扣，加工完毕后，要求反转退刀。电动机 M1 容量不大，采用直接启动控制方式，单向旋转，正反转由主轴变速箱实现调整，当主轴反转时，刀架也跟着后退。加工的工件比较大时，加工时其转动惯量也比较大，需停车时不易立即停止转动，必须有停车制动的功能。CA6140 型车床的停车采用机械制动方式。

2. 快速移动电动机 M2 的拖动及控制要求

由于 CA6140 型车床的床身较长，为了减轻工人的劳动强度和节省辅助工作时间，提高加工效率，利用电动机 M2 带动刀架和溜板箱快速移动。电动机 M2 容量不大，采用直接启动控制方式，单向旋转，采用点动控制方式，电动机可根据使用需要，随时手动控制启动与停止，不需要正反转和调速。

3. 冷却泵电动机 M3 的拖动及控制要求

车削加工时，刀具与工件的温度较高，需要装备一台冷却泵及拖动电动机，实现刀具与工件的冷却。电动机 M3 容量不大，采用直接启动控制方式，单向旋转。加工过程中，冷却泵电动机和主轴电动机要实现顺序控制，因此要求与主电动机有必要的联锁保护。

4. 主轴调速方式

车削加工时，因被加工的工件材料、性质、形状、大小及工艺要求不同，且刀具种类也不同，所以要求切削速度也不同，这就要求主轴有较大的调速范围。车床大多采用机械方法调速，用齿轮变速箱来进行机械有级调速，变换主轴箱外的手柄位置，可以改变主轴的转速，调速范围可达 40 倍以上。

5. 其他辅助运动

工件的夹紧与松开和尾架的纵向移动，由手动操作控制。

四、CA6140 型车床电气控制线路原理分析

CA6140 型车床电气控制电路所用电气元件及其用途，见表 2-1-8。

表 2-1-8 CA6140 型车床电气控制电路所用电气元件及其用途

元器件名称	用途	元器件名称	用途
自动空气开关 QF	电源总开关	控制变压器 TC	控制和辅助电路电源
熔断器 FU1	主电路短路保护	按钮 SB1	主轴电动机停止按钮
熔断器 FU2	控制电路短路保护	按钮 SB2	主轴电动机启动按钮
熔断器 FU3	辅助电路短路保护	按钮 SB3	快速移动电动机点动按钮
电动机 M1	主轴电动机	行程开关 SQ	床头皮带罩保护开关（罩打开时断开）
电动机 M2	快速移动电动机	转换开关 SA1	冷却泵电动机启动和停止开关
电动机 M3	冷却泵电动机	转换开关 SA2	机床照明灯开关
接触器 KM1	主轴电动机运行控制	电灯 EL	机床照明灯
接触器 KM2	快速移动电动机运行控制	信号灯 HL1	辅助电路电源指示灯
接触器 KM3	冷却泵电动机运行控制	信号灯 HL2	主轴电动机运行指示灯
热继电器 FR1	主轴电动机过载保护	信号灯 HL3	快速移动电动机运行指示灯
热继电器 FR2	快速移动电动机过载保护	信号灯 HL4	冷却泵电动机运行指示灯
热继电器 FR3	冷却泵电动机过载保护		

1. 主电路分析

CA6140 型车床主电路原理图，如图 2-1-8 所示。

（1）电源开关及短路保护 位于 1 区，自动空气开关 QF 为机床的电源总开关，熔断器 FU1 作为机床电源的总回路短路保护。

（2）主轴电动机 M1 的主电路 位于 2 区，它是一个"单向运转单元主电路"，采取直接启动方式，由接触器 KM1 主触点来控制其电源的通断，热继电器 FR1 作为其过载保护，熔断器 FU1 作为其短路保护。

（3）快速移动电动机 M2 的主电路 位于 3 区，它也是一个"单向运转单元主电路"，采取直接启动方式，由接触器 KM2 主触点来控制其电源的通断，热继电器 FR2 作为其过载保护，熔断器 FU1 作为其短路保护。

（4）冷却泵电动机 M3 的主电路 位于 4 区，它也是一个"单向运转单元主电路"，采取直接启动方式，由接触器 KM3 主触点来控制其电源的通断，热继电器 FR3 作为其过载保

护，熔断器 FU1 作为其短路保护。

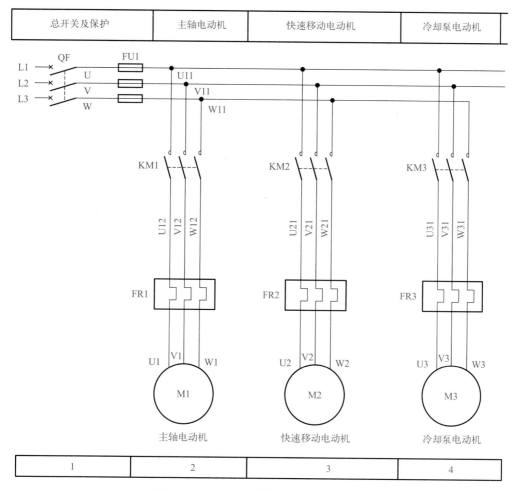

图 2-1-8　CA6140 型车床主电路原理图

2. 控制电路分析

CA6140 型控制和辅助电路原理图，如图 2-1-9 所示。

（1）控制和辅助电路电源及短路保护　控制电路电源是通过控制变压器 TC（5 区）输出 127V 交流电压供电，熔断器 FU2（5 区）作为短路保护；辅助电路电源是通过控制变压器 TC 输出 36V 交流电压供电，熔断器 FU3（5 区）作为短路保护。

（2）主轴电动机 M1 的控制　M1 控制电路位于 6 区和 7 区，它是一个"单向连续运转控制单元"，M1 工作原理分析如下。

① 启动：按下 SB2 → KM1 线圈通电吸合；KM 主触点（2 区）闭合→ M1 转动，KM1 常开触点（7 区）闭合（自锁）→松开 SB2 → KM1 线圈仍通电吸合→ M1 仍能运行。

② 停止：按下 SB1 → KM1 线圈断电释放→ M1 停止转动。

（3）快速移动电动机 M2 的控制　M2 控制电路位于 8 区，它是一个"单向点动控制单元"，M2 工作原理分析如下。

140 电机与电气控制技术

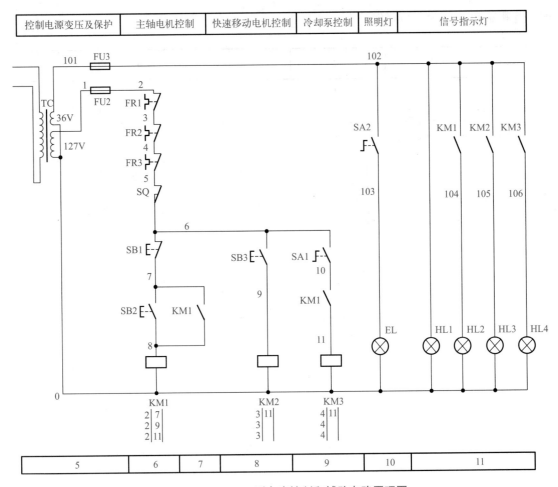

图 2-1-9　CA6140 型车床控制和辅助电路原理图

① 启动：按下 SB3→KM2 线圈通电吸合；KM2 主触点（3 区）闭合→M2 转动→由溜板箱的十字手柄控制方向→实现刀架的快速移动。

② 停止：松开 SB3→KM2 线圈断电释放→M2 停止转动。

（4）冷却泵电动机 M3 的控制　M3 控制电路位于 9 区，它是一个"顺序控制单元"，M3 工作原理分析如下。

① 启动：M1 启动后→KM1 常开触点（9 区）闭合→使 SA1 常开触点（9 区）闭合→KM3 线圈通电吸合→KM3 主触点（4 区）闭合→M3 转动→带动冷却泵旋转。

② 停止：当 M1 停止时→KM1 常开触点（9 区）复位断开→KM3 线圈断电释放→M3 停止转动；或使 SA1（9 区）断开→KM3 线圈断电释放→M3 停止转动。

3. 指示及照明电路分析

指示灯 HL1～HL4 和照明灯 EL 由控制变压器 TC 直接输出 36V 交流电压供电，采用熔断器 FU3 作短路保护。

① 机床照明灯 EL 位于 10 区，由转换开关 SA2 控制其接通与断开。

② 电源指示灯 HL1 位于 11 区，无开关控制，电源正常时它就亮。

③ 主轴运行指示灯 HL2 位于 11 区，由接触器 KM1 常开触点控制。

④ 刀架快速移动指示灯 HL3 位于 11 区，由接触器 KM2 常开触点控制。
⑤ 冷却泵运行指示灯 HL4 位于 11 区，由接触器 KM3 常开触点控制。

4. 保护和联锁电路分析

① 串联在 KM3 线圈控制回路中的 KM1 常开触点（9 区），实现了主轴电动机 M1 和冷却泵电动机 M3 的顺序启动和联锁保护。

② 热继电器 FR1、FR2 和 FR3 的常闭触点（6 区）串联在控制电路中。当主电动机 M1 或快速移动电动机 M2 或冷却泵电动机 M3，任意一个过载时，FR1 或 FR2 或 FR3 的任意一个常闭触点断开，控制电路断电，所有接触器线圈断电释放，所有电动机停止转动，实现了过载保护。

③ 行程开关 SQ 常开触点（6 区）串联在控制电路中。在车床正常工作时，行程开关 SQ 的常开触点动作闭合；当打开床头皮带罩后，SQ 常开触点（6 区）复位断开，切断控制电路电源，以确保检修人员安全。

任务实施

第一步：CA6140 型车床的正常操作

合上电源控制开关 QF，在机床上电没有故障的情况下，电源指示灯 HL1 亮，进行如下步骤操作时对应的现象说明。

① 将转换开关 SA2 打到开（或关）→照明指示灯 EL 亮（或灭）。
② 按下按钮 SB2→接触器 KM1 通电吸合→主轴电动机 M1 启动、指示灯 HL2 亮。
③ 将转换开关 SA1 打到开→接触器 KM3 通电吸合→冷却泵电机启动、指示灯 HL4 亮。
④ 按下按钮 SB1→接触器 KM1、KM3 失电释放→主轴电动机 M1 和冷却泵电动机 M3 停转、指示灯 HL2 和 HL4 熄灭。
⑤ 按下按钮 SB3→接触器 KM2 通电吸合→快速移动电动机 M2 启动、指示灯 HL3 亮；松开按钮 SB3→接触器 KM2 失电释放→电动机 M3 停止、指示灯 HL3 熄灭。

第二步：主轴电动机 M1 常见的电气故障诊断与检修

1. 主轴电动机 M1 不能启动

CA6140 主轴电动机故障检修

（1）按下 SB2，M1 不能启动　如控制电路接触器 KM1 不吸合，指示灯 HL2 不亮，可判断出故障在控制电路。可能的原因有：

① 控制电源故障，或控制回路熔断器 FU2 熔体熔断。
② 接触器 KM1 线圈控制回路，各电气元件连接导线虚接或断线。
③ 热继电器 FR1 或 FR2 或 FR3 已动作过，其辅助常闭触点未复位。
④ 行程开关 SQ 已损坏，应修复或更换行程开关。
⑤ 启动按钮 SB2 或停止按钮 SB1 内的触点接触不良，应修复或更换按钮。
⑥ 控制电路接触器 KM1 线圈松动或烧坏。

(2) 按下启动按钮 SB2，主轴电动机 M1 不能启动　如控制电路接触器 KM1 吸合，指示灯 HL2 亮，可判断出故障在主电路。可能的原因有：

① 电源主回路熔断器 FU1 熔体熔断。
② 电动机 M1 主回路，各电气元件连接导线虚接或断线。
③ 接触器 KM1 主触点接触不良或损坏。
④ 主轴电动机损坏，应修复或更换。

2. 主轴电动机 M1 断相运行

按下启动按钮 SB2，电动机发出嗡嗡声不能正常启动，这是电动机断相造成的，此时应立即切断电源，否则电动机容易烧坏。可能的原因有：

① 电源 L1、L2、L3 有断相故障。
② 熔断器 FU1 有一相熔体熔断。
③ 电动机 M1 主回路有一支路，各电气元件连接导线虚接或断线。
④ 接触器 KM1 有一对主触点没接触好。

3. 主轴电动机 M1 只能点动不能连续运转

故障原因是启动后不能自锁，控制电路中接触器 KM1 常开触点（7 区）接线虚接或断开，或自锁触点接触不良，修复即可。

4. 按下停止按钮 SB1 主轴电动机 M1 不停止

① 接触器 KM1 主触点发生熔焊或卡住。
② 停止按钮 SB1 动断触点损坏或卡住。

第三步：快速移动电动机 M2 不能启动的电气故障诊断与检修

首先，启动时听一下接触器 KM2 是否有吸合声，观察一下快速移动电动机 M2 运行指示灯 HL3 是否发亮，由此判断是主电路故障还是控制电路故障。与主轴电动机 M1 相同的故障（主电路和控制电路公用线路上的故障）这里就不再复述了，主要介绍一下与主轴电动机不同故障的排查：

① 控制电路线号 6—9—0 之间各电气元件触点接线有虚接或断开。
② 启动按钮 SB3 触点已损坏。
③ 接触器 KM2 线圈或触点已损坏。
④ 快速移动电动机已损坏。

第四步：冷却泵电动机 M3 不能启动的电气故障诊断与检修

冷却泵电动机 M3 和主轴电动机 M1 是顺序控制，在 M1 控制电路正常的情况下，启动时听一下接触器 KM3 是否有吸合声，观察一下快速移动电动机 M3 运行指示灯 HL4 是否发亮，由此判断是主电路故障还是控制电路故障，与排查快速移动电动机 M2 故障步骤相同，相同的故障（主电路和控制电路公用线路上的故障）这里就不再复述了，还可能存在以下的故障：

① 控制电路线号 6—10—11—0 之间各电气元件触点接线有虚接或断开。

拓展学习

CA6140 快速移动电动机故障检修

② 转换开关 SA1 触点不能闭合。
③ 接触器 KM3 线圈或触点已损坏。
④ 冷却泵电动机 M3 已损坏。

第五步：指示灯和信号灯电路的电气故障诊断与检修

① 照明灯 EL 灯不亮。熔断器 FU3，或转换开关 SA2，或照明灯 EL，接线断开或元件故障。

② 电源指示灯 HL1 不亮。熔断器 FU3 或指示灯 HL1，接线断开或元件故障。

③ 主轴电动机 M1 运行指示灯 HL2 不亮。熔断器 FU3，或 KM1 常开触点（11 区），或指示灯 HL2，接线断开或元件故障。

④ 快速移动电动机 M2 运行指示灯 HL3 不亮。熔断器 FU3，或 KM2 常开触点（11 区），或指示灯 HL3，接线断开或元件故障。

⑤ 冷却泵电动机 M3 运行指示灯 HL4 不亮。熔断器 FU3，或 KM3 常开触点（11 区），或指示灯 HL4，接线断开或元件故障。

任务评价

参照表 2-1-9，学生按要求完成任务内容，教师参照评分标准进行打分评价。

表 2-1-9 项目一任务三 任务评价单

班级：		学号：		姓名：
任务内容		配分	评分标准	得分
CA6140 型车床的正常操作		10	错误操作一次扣 3 分	
主轴电动机 M1 电气故障检测		20	检错一次扣 5 分	
快速移动电动机 M2 电气故障检测		10	检错一次扣 5 分	
冷却泵电动机 M3 电气故障检测		10	检错一次扣 5 分	
指示灯和信号灯电路电气故障检测		10	检错一次扣 3 分	
正确使用设备和工具		10	错误使用一次扣 5 分	
规范操作意识		10	操作不规范一次扣 5 分	
团队协作意识		10	组员缺乏合作意识扣 10 分	
安全意识		10	缺乏安全意识扣 10 分	
教师签字			总得分	

任务四　Z3050 型摇臂钻床电气控制

◇ **知识目标**

1. 了解 Z3050 型摇臂钻床的结构和运动形式。
2. 掌握 Z3050 型摇臂钻床的电力拖动和控制要求及电气控制工作原理。
3. 熟悉 Z3050 型摇臂钻床常见的电气故障。

◇ **能力目标**

1. 能熟练识读 Z3050 型摇臂钻床的电气控制原理图。
2. 能正确分析 Z3050 型摇臂钻床的电气控制电路工作原理。
3. 能检查判断 Z3050 型摇臂钻床常见的电气故障。

◇ **素质目标**

1. 培养勇于钻研和善于思考的品质。
2. 培养自我管理和自我约束的能力。

相关知识

一、Z3050 型摇臂钻床简介

1. Z3050 型摇臂钻床的功能

Z3050 型摇臂钻床是一种立式钻床，主要用来钻孔、扩孔、铰孔、锪平面和攻螺纹等加工工作，是一款通用化程度非常高、工艺成熟的常规钻床。

2. Z3050 型摇臂钻床的基本结构

Z3050 型摇臂钻床外观结构，如图 2-1-10 所示。它主要由底座、内立柱、外立柱、摇臂、主轴箱及工作台等部件组成。

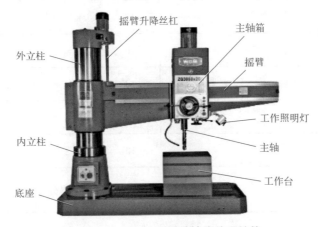

图 2-1-10　Z3050 型摇臂钻床外观结构

(1) 底座 用于固定内立柱和工作台，支撑整个机床的安装部件。

(2) 内立柱和外立柱 内立柱固定在底座上，外立柱套装在内立柱上，用液压夹紧机构夹紧后，二者不能相对运动；夹紧机构松开后，外立柱用手推动可绕内立柱旋转360°。

(3) 摇臂 摇臂的一端为套筒，它套装在外立柱上，并借助丝杠的正反转，可沿着外立柱作上下移动。由于丝杠与外立柱连成一体，而升降螺母固定在摇臂上，所以摇臂不能绕外立柱转动，只能与外立柱一起绕内立柱回转。

(4) 主轴箱 主轴箱是一个复合部件，它由主轴电动机、主轴和主轴传动机构、进给和变速机构、机床的操作机构等部分组成。主轴箱安装在摇臂的水平导轨上，可以通过手轮操作，使其在水平导轨上沿摇臂移动。

(5) 工作台 工作台用螺栓固定在底座上，加工工件固定在工作台上。

3. 液压系统简介

Z3050型摇臂钻床具有两套液压系统，一个是操纵机构液压系统，一个是夹紧机构液压系统。前者安装在主轴箱内，用以实现主轴正反转、停车制动、空挡、预选及变速等功能；后者安装在摇臂背后的电器盒下部，用以夹紧松开主轴箱、摇臂及立柱等功能。

4. Z3050型摇臂钻床型号含义

钻床型号 Z3050×16 所代表的具体含义如下。

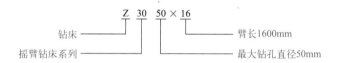

二、Z3050型摇臂钻床的运动形式

Z3050型摇臂钻床的运动形式示意图，如图2-1-11所示。

1. 主运动

主轴的旋转运动。

2. 进给运动

主轴的垂直移动。

3. 辅助运动

摇臂在外立柱上的升降运动，摇臂与外立柱一起绕内立柱的回转运动，主轴箱在摇臂上的水平移动。

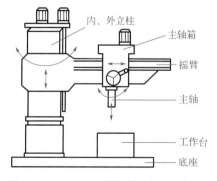

图 2-1-11 Z3050型摇臂钻床的运动形式

三、Z3050型摇臂钻床的电力拖动及控制要求

由于摇臂钻床的运动部件较多，为简化传动装置，需使用多台电动机拖动，主轴电动机

承担主钻削及进给任务，摇臂升降、夹紧放松和冷却泵各用一台电动机拖动。

1. 主轴电动机 M1 的拖动及控制要求

① 为了适应多种加工方式的要求，主轴旋转及进给运动应有较大的调速范围。通常这些调速都是由机械变速机构来实现的，用手柄操作变速箱调速，对电动机无任何调速要求。主轴变速机构与进给变速机构都装在主轴变速箱内，由主轴电动机拖动。

② 加工螺纹时要求主轴能正反转。摇臂钻床的正反转一般用机械方法实现，电动机只需单方向旋转。

2. 摇臂升降电动机 M2 的拖动及控制要求

摇臂升降由单独的一台电动机拖动，要求能实现正反转。摇臂的移动也有严格的控制要求，要严格按照摇臂松开→移动→夹紧的程序来进行，从这个角度来看，摇臂的夹紧放松与摇臂升降都要按自动控制来进行。

3. 液压泵电动机 M3 的拖动及控制要求

摇臂的夹紧放松以及立柱的夹紧放松，由一台异步电动机配合液压装置来完成，要求这台电动机能正反转。摇臂的回转和主轴箱的径向移动在中小型摇臂钻床上都采用手动。

4. 冷却泵电动机 M4 的拖动及控制要求

钻削加工时，为对刀具及工件进行冷却，需要一台冷却泵电动机拖动冷却泵输送冷却液，这台电动机只需单向旋转即可。

5. 其他控制要求

各部分电路之间有必要的保护和联锁环节，以及安全照明和信号指示电路。

四、Z3050 型摇臂钻床的电气控制线路原理分析

Z3050 型摇臂钻床电气控制电路所用电气元件及其用途，见表 2-1-10。

1. 主电路分析

Z3050 型摇臂钻床的主电路原理图，如图 2-1-12 所示。

（1）电源开关及短路保护　位于 1 区，QF1 为机床的电源总开关，FU1 作为机床电源的总回路短路保护。

（2）主轴电动机 M1 的主电路　位于 2 区，它是一个"单向运转单元主电路"，由 KM1 控制，FR1 作为其过载保护元件，FU1 作为其短路保护元件。

（3）摇臂升降电动机 M2 的主电路　位于 3—4 区，QF5 为 M2 和 M3 的电源开关，M2 是一个"正反转控制单元主电路"，由 KM2 控制其正转，KM3 控制其反转，由于 M2 为短时间工作，故未设过载保护，FU1 作为其短路保护元件。

（4）液压泵电动机 M3 主电路　位于 5—6 区，M3 也是一个"正反转控制单元主电路"，由

KM4 控制其正转，KM5 控制其反转，FR2 作为其过载保护元件，FU1 作为其短路保护元件。

（5）冷却泵电动机 M4 的主电路　位于 7 区，M4 是一个"单向运转单元主电路"，由 QF4 控制其通断，并作为其短路和过载保护元件。

表 2-1-10　Z3050 型摇臂钻床电气控制电路所用电气元件及其用途

元器件名称	用途	元器件名称	用途
自动空气开关 QF1	主电路电源开关	时间继电器 KT3	通电延时控制
自动空气开关 QF2	控制电路电源开关	行程开关 SQ1	摇臂升降限位保护开关
自动空气开关 QF3	照明灯开关	行程开关 SQ2	摇臂松开位置开关
自动空气开关 QF4	冷却泵电动机电源开关	行程开关 SQ3	摇臂夹紧位置开关
自动空气开关 QF5	摇臂升降电动机和液压泵电动机电源开关	行程开关 SQ4	主轴箱放松位置开关
熔断器 FU1	主电路短路保护	行程开关 SQA	摇臂上升极限位置保护开关
熔断器 FU2	控制电路短路保护	行程开关 SQB	摇臂下降极限位置保护开关
熔断器 FU3	辅助电路短路保护	转换开关 SA	主轴箱和立柱控制开关
电动机 M1	主轴电动机	按钮 SB1	控制电路启动按钮
电动机 M2	摇臂升降电动机	按钮 SB2	主轴电动机启动按钮
电动机 M3	液压泵电动机	按钮 SB3	摇臂上升点动按钮
电动机 M4	冷却泵电动机	按钮 SB4	摇臂下降点动按钮
接触器 KM1	主轴电动机运行控制	按钮 SB5	主轴箱、立柱松开控制
接触器 KM2	摇臂升降电动机正转控制	按钮 SB6	主轴箱、立柱夹紧按钮
接触器 KM3	摇臂升降电动机反转控制	按钮 SB7	控制电路停止按钮
接触器 KM4	液压泵电动机正转控制	按钮 SB8	主轴电动机停止按钮
接触器 KM5	液压泵电动机反转控制	电灯 EL	机床照明灯
热继电器 FR1	主轴电动机过载保护	信号灯 HL1	电源指示灯
热继电器 FR2	液压泵电动机过载保护	信号灯 HL2	主轴电动机运行指示灯
控制变压器 TC	控制和辅助电路电源	信号灯 HL3	主轴箱放松指示灯
时间继电器 KT1	断电延时控制	信号灯 HL4	主轴箱夹紧指示灯
时间继电器 KT2	断电延时控制	欠压继电器 KV	欠压保护

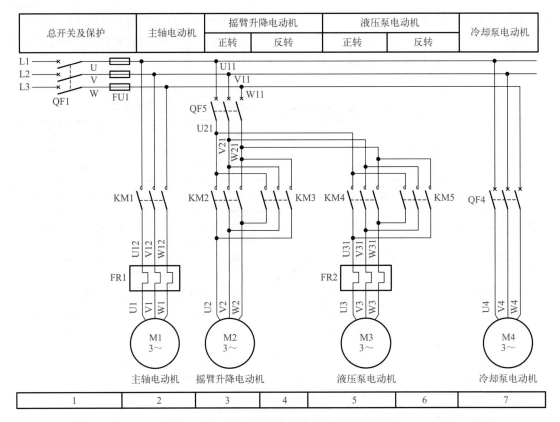

图 2-1-12 Z3050 型摇臂钻床主电路原理图

2. 控制电路分析

Z3050 型摇臂钻床控制和辅助电路原理图,如图 2-1-13 所示。

(1) 控制和辅助电路电源及短路保护 控制电路电源是通过 TC(8 区)输出 127V 交流电压供电,FU2(8 区)作为其短路保护;机床工作照明灯和工作信号指示灯电源是通过 TC 输出 36V 交流电压供电,FU3(8 区)作为其短路保护。

(2) 主轴电动机 M1 的控制分析 M1 的控制电路位于 16—17 区,它是一个"单向连续运转控制单元"。具体控制过程如下。

① 启动:合上 QF2(14 区)→按下 SB1 → KV 线圈通电吸合→电源电压正常时 KV 常开触点(15 区)闭合(自锁)→松开 SB1 → KV 线圈仍然通电;KV 常开触点(11 区)闭合→实现对信号灯 HL2、HL3、HL4 的顺序控制;KV 触点正常动作后→按下 SB2 → KM1 线圈通电吸合→ KM1 主触点(2 区)闭合→ M1 运转,KM1 常开触点(17 区)闭合(自锁)→松开 SB2 → KM1 线圈仍然通电,KM1 常开触点(11 区)闭合→ M1 运行指示灯 HL2 亮。

② 停止:按下 SB8 → KM1 线圈断电释放→ M1 停止运转、指示灯 HL2 熄灭。

(3) 摇臂升降电动机 M2 和液压泵电动机 M3 的控制分析 在摇臂的上升和下降控制过程中,首先需要松开夹在外立柱上的摇臂,然后摇臂才能上升或下降,最后再夹紧摇臂。摇臂升降的具体控制如下。

① 摇臂的上升控制。按下 SB3 → SB3 常闭触点(20 区 21—27 线号)断开→切断 KM3

线圈回路；SB3 常开触点（19 区 7—15 线号）闭合→使得 KT1 线圈（18 区）得电，KT1 瞬时常开触点（21 区 31—35 线号）闭合→KM4 线圈通电吸合→KM4 主触点闭合→M3 正转运转→驱动液压泵供给机床正向液压油→正向液压油经二位六通阀进入摇臂松开液压缸→驱动摇臂放松。

摇臂放松后→液压缸活塞杆通过弹簧片压下 SQ2 并放松 SQ3→SQ3 常闭触点（24 区 7—47 线号）复位闭合→为摇臂夹紧做好准备；由于 SQ2 被压下→SQ2 常闭触点（21 区 17—33 线号）断开→KM4 线圈断电释放→M3 停止正转，SQ2 常开触点（19 区 17—21 线号）闭合→KM2 线圈通电吸合→KM2 主触点闭合→M2 正转运转→带动摇臂上升→当摇臂上升到要求高度时→松开 SB3→KT1 线圈和 KM2 线圈断电→M2 停止正转，KT1 线圈失电后→KT1 断电延时常闭触点（23 区中 47—49 线号）到达 KT1 整定值时复位闭合→KM5 线圈通电吸合→KM5 主触点闭合→M3 反向运转→驱动液压泵供给机床反向液压油→反向液压油经过二位六通阀进入摇臂夹紧液压缸→驱动摇臂夹紧。

摇臂夹紧后→SQ3 常闭触点（24 区 7—47 线号）断开→KM5 线圈断电释放→M3 停止反转、SQ2 触点复位。

② 摇臂的下降控制。按下 SB4→SB4 常闭触点（19 区中 21—23 线号）断开→KM2 线圈断电释放，SB4 常开触点（21 区中 7—31 线号）闭合→KT1 线圈（8 区）仍然通电；KT1 瞬时常开触点（21 区 31—35 线号）闭合→KM4 线圈通电吸合→KM4 主触点闭合→M3 正转运转→驱动液压泵供给机床正向液压油→正向液压油经二位六通阀进入摇臂松开液压缸→驱动摇臂放松。

摇臂放松后→液压缸活塞杆通过弹簧片压下 SQ2 并放松 SQ3；SQ3 常闭触点（24 区中 7—47 线号）复位闭合→为摇臂夹紧做好准备；SQ2 常闭触点（21 区 17—33 线号）断开→KM4 线圈断电释放→M3 停止正转；SQ2 常开触点（19 区 17—21 线号）闭合→KM3 线圈得电吸合→KM3 主触点闭合→M2 反转运转→带动摇臂下降。

当摇臂下降至要求高度时→松开 SB4→KT1 和 KM3 线圈断电→M2 停止反转；KT1 断电延时常闭触点（23 区中 47—49 线号）在到达 KT1 整定值时复位闭合→KM5 线圈通电吸合→KM5 主触点闭合→M3 反转运转→驱动液压泵供给机床反向液压油→反向液压油经过二位六通阀进入摇臂夹紧液压缸→驱动摇臂夹紧。

摇臂夹紧后→SQ3 常闭触点（24 区 7—47 线号）断开→KM5 线圈断电释放→M3 停止反转、SQ2 触点复位。

(4) 立柱和主轴箱松开及夹紧的控制分析 它主要控制 M3 的正反转，驱动液压泵供给机床正反转液压油而达到松开及夹紧立柱和主轴箱的目的。立柱和主轴箱的松开（或夹紧）既可以同时运行，又可以单独运行，由转换开关 SA 进行控制。SA 有三个位置，扳到中间位置时，电磁铁 YA1 和 YA2 同时通电，立柱和主轴箱的松开（或夹紧）同时进行；扳到左边位置时，电磁铁 YA2 通电，只能实现立柱松开（或夹紧）；扳到右边位置时，电磁铁 YA1 通电，只能实现主轴箱松开（或夹紧）。

① 主轴和主轴箱同时松开。将 SA 旋转到中间位置→按下 SB5→KT2 和 KT3 线圈得电；KT2 断电延时常开触点（27 区）闭合→YA1 和 YA2 通电吸合，KT2 瞬时常开触点（22 区）闭合、KT3 通电延时常开触点（22 区）经 1～3s 整定值后闭合→KM4 线圈通电吸合→KM4 主触点闭合→M3 正转运转→驱动液压油进入立柱和主轴箱松开油腔→使立柱和主轴箱同时松开。

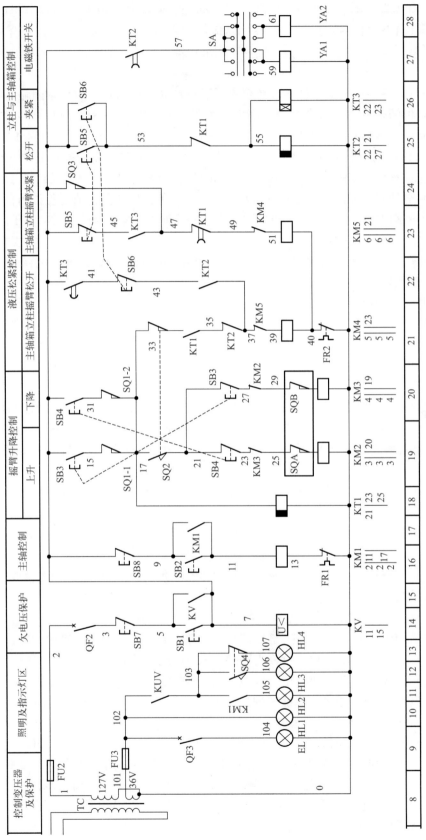

图 2-1-13 Z3050 型摇臂钻床控制电路原理图

②主轴和主轴箱同时夹紧的工作原理与松开时相似，只要把 SB5 换成 SB6，KM4 换成 KM5，M3 即可由正转换成反转。

③主轴箱单独松开。将 SA 旋转到右侧位置→按下 SB5→KT2 和 KT3 的线圈通电；KT2 断电延时常开触点（27 区）闭合→YA2 通电吸合，KT2 瞬时常开触点（22 区）闭合、KT3 通电延时常开触点（22 区）经 1～3s 后闭合→KM4 线圈通电吸合→KM4 主触点闭合→M3 正转运转→驱动液压油进入主轴箱松开油腔→使主轴箱松开。

④主轴箱单独夹紧的工作原理与松开时相似，只要把 SB5 换成 SB6，KM4 换成 KM5，M3 即可由正转换成反转。

⑤同理，把 SA 扳到左侧位置，则可使立柱单独松开或夹紧。

（5）机床工作照明电路及工作信号指示电路

①机床工作照明灯 EL 位于 9 区，FU3 为机床工作照明及信号灯的短路保护，QF3 为机床工作照明开关。

②电源信号指示灯 HL1 位于 10 区，它没有控制开关，电源正常时它就亮。

③主轴运转信号指示灯 HL2 位于 11 区，它由 KM1 常开触点控制，KM1 吸合时它就亮，KM1 释放时它就灭。

④主轴箱放松信号指示灯 HL3 位于 12 区，它由 SQ4 常开触点控制，松开时 SQ4 动作，SQ4 常开触点闭合，HL3 发亮。

⑤主轴箱夹紧信号指示灯 HL4 位于 13 区，它由 SQ4 常闭触点控制，夹紧时 SQ4 复位，SQ4 常闭触点闭合，HL4 发亮。

任务实施

第一步：Z3050 型摇臂钻床的正常操作

合上电源控制开关 QF1，在机床上电没有故障的情况下，电源指示灯 HL1 亮，进行如下步骤操作时对应的现象：

①将 QF3 打到开（或关）→EL 亮（或灭）。

②合上 QF2→按下 SB1→KV 通电吸合→HL4 亮。

③按下 SB2→KM1 通电吸合→M1 启动、HL2 亮。

④按下 SB8→KM1 断电释放→M1 停转、HL2 熄灭。

⑤按下 SB7→KV 断电释放→HL4 熄灭。

第二步：欠压继电器 KV 不能吸合的电气故障诊断与检修

检查电源是否正常，如电压正常，欠压继电器 KV 控制电路（1—2—3—5—7—0）元器件接线是否虚接或断开，元器件触点是否完好等。如电压不正常，检查熔断器 FU2 和 FU1 是否熔断，主电源是否缺相，电源回路接线是否正常等。

第三步：主轴电动机 M1 不能启动的电气故障诊断与检修

在电源和欠压继电器 KV 正常的情况下，检查主轴电动机 M1 的控制电路（7—9—11—13—0）元器件接线是否虚接或断开，元器件触点是否完好等。如接线正常，重点考虑 16 区中热继电器 FR1 在 0—13 线号间的常闭触点是否良好，按钮 SB8 在 7—9 线号间的常闭触点是否良好等。

第四步：摇臂不能松开的电气故障诊断与检修

摇臂作升降运动的前提是摇臂必须完全松开。摇臂、主轴箱和立柱的松开与夹紧都是通过液压泵电动机 M3 的正反转来实现的，因此先检查一下主轴箱和立柱的松开与夹紧是否正常。

（1）如果主轴箱和立柱的松开与夹紧正常　说明故障不在两者的公共电路中，而在摇臂松开的专用电路上，检查此电路上是否有虚接或断开，元器件触点是否完好等。重点检查 18 区时间继电器 KT1 的线圈有无断线，KT1 常开触点（21 区 33—35 线号）在闭合时是否接触良好，限位开关 SQ1 的触点 SQ1-1（19 区 15—17 线号）、SQ1-2（21 区 31—17 线号）有无接触不良等。

（2）如果主轴箱和立柱的松开不正常　故障多发生在接触器 KM4 和液压泵电动机 M3 这部分电路上。如 KM4 线圈断线、主触点接触不良，KM5 的常闭互锁触点（21 区 37—39 线号）接触不良等。如果是电动机 M3 或熔断器 FR2 出现故障，则摇臂、立柱和主轴箱既不能松开，也不能夹紧。

第五步：摇臂不能升降的电气故障诊断与检修

除前述摇臂不能松开的原因之外，可能的原因还有：

① 行程开关 SQ2 的动作不正常，这是导致摇臂不能升降的最常见的故障，如 SQ2 的安装位置移动，使得摇臂松开后，SQ2 不能动作，或者是液压系统的故障导致摇臂放松不够，SQ2 也不会动作，摇臂就无法升降。SQ2 的位置应结合机械、液压系统进行调整，然后紧固。

② 摇臂升降电动机 M2，控制其正反转的接触器 KM2、KM3，以及相关电路发生故障，也会造成摇臂不能升降。在排除了其他故障之后，应对此进行检查。

③ 如果摇臂是上升正常而不能下降，或是下降正常而不能上升，则应单独检查相关的电路及电气部件（如按钮开关、接触器、限位开关的有关触点等）。

第六步：摇臂上升或下降极限位保护失灵的电气故障诊断与检修

检查限位保护开关 SQ1，通常是 SQ1 损坏或是其安装位置移动造成的。

第七步：摇臂升降到位后夹不紧的电气故障诊断与检修

如果摇臂升降到位后夹不紧（而不是不能夹紧），通常是行程开关 SQ3 的故障造成的。如果 SQ3 移位或安装位置不当，使 SQ3 在夹紧动作未完全结束就提前吸合，那么电动机 M3 就会提前停转，从而造成夹不紧。

第八步：主轴箱和立柱的松开和夹紧动作不正常的电气故障诊断与检修

摇臂的松紧动作正常，但主轴箱和立柱的松开和夹紧动作不正常，可能的原因有：

① 检查控制按钮 SB5、SB6，其触点有无接触不良，接线有无虚接或断开。

② 如电动机 M3 运转正常，检查液压系统是否出现故障。

第九步：照明和指示灯的电气故障诊断与检修

（1）电源指示灯 HL1 不亮　检查 36V 电源是否正常，FU3 是否熔断，电路中各元器件接线是否完好，指示灯 HL1 是否损坏。

（2）照明灯 EL 不亮，电源指示灯 HL1 亮　检查自动空气开关 QF3 和照明灯 EL 接线是否完好，元器件是否损坏。

（3）指示灯 HL2、HL3、HL4 都不亮，KV 触点（11 区 102—103 线号）不能闭合　检查欠压继电器 KV 线圈电路的故障，KV 触点是否损坏。

（4）主轴电动机 M1 启动，指示灯 HL2 不亮　检查 KM1 常开触点（11 区 103—105 线号）是否正常，102—103—105—0 线号接线是否完好，HL2 是否损坏。

（5）指示灯 HL3、HL4 不亮　主轴箱松开和夹紧正常，行程开关 SQ4 移位或损坏，或 HL3、HL4 损坏。

❖ 任务评价

Z3040 主轴电动机故障检修

参照表 2-1-11，学生按要求完成任务内容，教师参照评分标准进行打分评价。

表 2-1-11　项目一任务四 任务评价单

班级：　　　　　　　　学号：　　　　　　　　姓名：

任务内容	配分	评分标准	得分
Z3050 型摇臂钻床的正常操作	10	错误操作一次扣 3 分	
主轴电动机 M1 电气故障检测	10	检测错误一次扣 5 分	
摇臂松开与夹紧的电气故障检测	10	检测错误一次扣 5 分	
摇臂升降的电气故障检测	10	检测错误一次扣 5 分	
主轴箱和立柱的松开和夹紧的电气故障检测	10	检测错误一次扣 5 分	
照明和指示灯的电气故障检测	10	检测错误一次扣 3 分	
正确使用设备和工具	10	错误使用一次扣 5 分	
规范操作意识	10	操作不规范一次扣 5 分	
团队协作意识	10	组员缺乏合作意识扣 10 分	
安全意识	10	缺乏安全意识扣 10 分	
教师签字		总得分	

任务五　M7120 型平面磨床电气控制

◇ **知识目标**
1. 了解 M7120 型平面磨床的结构和运动形式。
2. 掌握 M7120 型平面磨床的电力拖动控制要求及电气控制工作原理。
3. 熟悉 M7120 型平面磨床常见的电气故障。

◇ **能力目标**
1. 能熟练识读 M7120 型平面磨床的电气控制原理图。
2. 能正确分析 M7120 型平面磨床的电气控制电路工作原理。
3. 能检查判断 M7120 型平面磨床常见的电气故障。

◇ **素质目标**
1. 培养勇于奉献和刻苦耐劳的品质。
2. 培养团结互助和爱岗敬业的职业素养。

相关知识

一、M7120 型平面磨床简介

1. 磨床的功能

磨床是用磨具和磨料（如砂轮、砂带、油石、研磨剂等）对工件的表面进行磨削加工的一种机床，它可以加工各种表面，如平面、内外圆柱面、圆锥面和螺旋面等。磨削加工可以使工件的形状及表面的精度、光洁度达到预期的要求；同时，它还可以进行切断加工。

2. M7120 型平面磨床的基本结构

M7120 型平面磨床的外观结构，如图 2-1-14 所示。它主要由床身、工作台、电磁吸盘、砂轮箱、滑座、立柱等部分组成。

（1）床身　用于支承工作台和安装其他结构部件，如安装立柱、工作台、液压系统、电气元件和其他操作部件。

（2）工作台　用于安装工件并由液压系统带动做往复直线运动。工作台往复运动的换向是通过换向撞块碰撞床身上的液压换向开关来实现的，工作台往复行程可通过调节撞块的位置来改变。工作台表面有 T 形槽，可以用螺钉和压板将工件直接固定在工作台上，也可以在工作台上装电磁吸盘。

（3）电磁吸盘　安装在工作台上，用来吸持铁磁性的工件。电磁吸盘外形有长方形和圆形两种，矩形平面磨床采用长方形电磁吸盘，圆台平面磨床用圆形电磁吸盘。

（4）立柱　在床身上固定有立柱，支承滑座及砂轮箱。砂轮升降电动机使砂轮在立柱导轨上作垂直运动，用以调整砂轮与工件的相对位置。

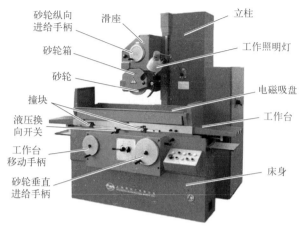

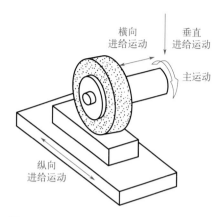

图 2-1-14　M7120 型平面磨床的外观结构　　图 2-1-15　M7120 型平面磨床的运动形式

（5）滑座　沿立柱导轨上装有滑座，可以在立柱导轨上做上下移动，安装砂轮箱并带动砂轮箱沿立柱导轨做上下（垂直）运动。

（6）砂轮箱　用于安装砂轮并带动砂轮作高速旋转，砂轮箱可沿滑座的燕尾形导轨做手动或液动的横向间隙运动。

3. M7120 型平面磨床的型号含义

磨床型号 M7120 所代表的具体含义如下。

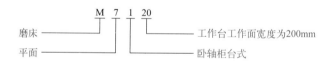

二、M7120 型平面磨床运动形式

M7120 型平面磨床运动形式示意图，如图 2-1-15 所示。

1. 主运动

砂轮的旋转运动。

2. 进给运动

（1）砂轮箱的垂直进给运动　砂轮箱和滑座一起沿立柱上的导轨作垂直进给运动。

（2）砂轮箱的横向进给运动　砂轮箱可以沿着滑座上部的燕尾形导轨做横向进给运动。

（3）辅助运动　工作台的纵向往返运动，是由液压传动完成的，液压传动换向平稳，能保证加工精度。当装在工作台前侧的换向挡铁碰撞到床身上的液压换向开关时，工作台就自动改变了方向。

三、M7120型平面磨床的电力拖动及控制要求

1. 液压泵电动机 M1 的拖动及控制要求

平面磨床是一种精密加工机床,为保证加工精度,使其运动平稳,保证工作台往返运动换向时惯性小无冲击,矩形工作台的往复运动,是由液压传动完成的。由一台笼型异步电动机拖动液压泵,工作台在液压作用下作纵向往复运动,当装在工作台前侧的换向挡铁碰撞到床身上的液压换向开关时,工作台就自动改变了方向。所以,对液压泵电动机没有电气调速的要求,不需要反转,可直接启动。

2. 砂轮电动机 M2 的拖动及控制要求

砂轮由一台笼型异步电动机拖动,带动砂轮旋转,对工件进行磨削加工。因为砂轮的转速一般不需要调节,所以对砂轮电动机没有电气调速的要求,也不需要反转,可直接启动。为了使磨床体积小、结构简单并提高其加工精度,采用装入式电动机,将砂轮直接装在电动机轴上。

3. 冷却泵电动机 M3 的拖动及控制要求

为减小工件在磨削加工中发热变形,并冲走铁屑,以保证加工精度,需使用冷却液。由一台笼型异步电动机拖动冷却泵旋转,对冷却泵电动机没有反转要求,可直接启动,但要求砂轮电动机 M2 和冷却泵电动机 M3 是顺序控制,即要求砂轮电动机 M2 启动后才能开动冷却泵电动机 M3。

4. 砂轮箱升降电动机 M4 的拖动及控制要求

砂轮的垂直进给运动,是由一台笼型异步电动机拖动砂轮箱升降来实现的,用于磨削过程中调整砂轮与工件之间的位置。对砂轮箱升降电动机也没有电气调速和降压启动的要求,但要求能实现正反转控制功能。

5. 砂轮箱的横向进给

砂轮箱的上部有燕尾形导轨,可以沿着滑座上的水平导轨作横向移动。在磨削的过程中,工作台换向时,砂轮就横向进给一次。在修正砂轮或调整砂轮的前后位置时,可连续横向移动,砂轮箱的横向进给可以用手轮来操作,也可以由液压传动。

6. 电磁吸盘的控制

工件可以用螺钉和压板直接固定在工作台上,为适应磨削小工件的要求,也为了工件在磨削过程中受热能自由伸缩,平面磨床往往采用电磁吸盘来吸持工件。电磁吸盘要有充磁和退磁电路。同时,为防止在磨削加工时因电磁吸盘吸力不足而造成工件飞出,还要求平面磨床有弱磁保护环节。

7. 具有各种常规的电气保护环节

短路保护和电动机的过载保护;具有安全的局部照明灯和指示各种运行状态的信号指示灯。

四、M7120 型平面磨床的电气控制线路原理分析

M7120 型平面磨床电气控制电路所用电气元件及其用途，见表 2-1-12。

表 2-1-12　M7120 型平面磨床电气控制电路所用电气元件及其用途

元器件名称	用途	元器件名称	用途
自动空气开关 QF1	主电路电源开关	欠压继电器 KV	欠压保护
熔断器 FU1	主电路短路保护	电磁吸盘 YH	吸持工件
熔断器 FU2	控制电路短路保护	行程开关 SQ1	砂轮箱上限位保护开关
熔断器 FU3	辅助电路短路保护	行程开关 SQ2	砂轮箱下限位保护开关
电动机 M1	液压泵电动机	行程开关 SQ3	工作台限位保护开关
电动机 M2	砂轮电动机	按钮 SB1	液压泵电动机停止按钮
电动机 M3	冷却泵电动机	按钮 SB2	液压泵电动机启动按钮
电动机 M4	砂轮箱升降电动机	按钮 SB3	砂轮电动机停止按钮
接触器 KM1	液压泵电动机运行控制	按钮 SB4	砂轮电动机启动按钮
接触器 KM2	砂轮电动机运行控制	按钮 SB5	砂轮箱上升点动按钮
接触器 KM3	砂轮箱电动机正转运行控制	按钮 SB6	砂轮箱下降点动按钮
接触器 KM4	砂轮箱电动机反转运行控制	按钮 SB7	电磁吸盘充磁按钮
接触器 KM5	电磁吸盘充磁控制	按钮 SB8	电磁吸盘去磁按钮
接触器 KM6	电磁吸盘去磁控制	按钮 SB9	电磁吸盘充磁停止按钮
热继电器 FR1	液压泵电动机过载保护	电灯 EL	机床照明灯
热继电器 FR2	砂轮电动机过载保护	信号灯 HL1	电源指示灯
热继电器 FR3	冷却泵电动机过载保护	信号灯 HL2	液压泵电动机运行指示灯
转换开关 SA1	机床照明灯开关	信号灯 HL3	砂轮电动机运行指示灯
转换开关 SA2	冷却泵电动机开关	信号灯 HL4	砂轮箱升降指示灯
控制变压器 TC	控制和辅助电路电源	信号灯 HL5	电磁吸盘充去磁指示灯
整流器 VC	为电磁吸盘提供直流电源		

1. 主电路分析

M7120 型平面磨床主电路原理图，如图 2-1-16 所示。

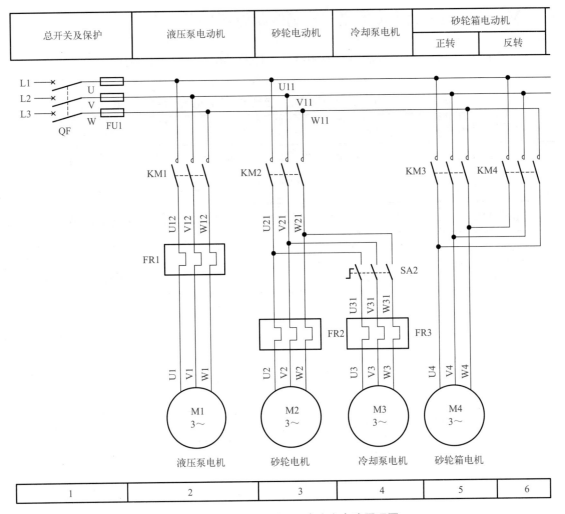

图 2-1-16　M7120 型平面磨床主电路原理图

（1）电源开关及短路保护　位于 1 区，QF1 为机床的电源总开关，FU1 作为机床电源的总回路短路保护。

（2）液压泵电动机 M1 主电路　位于 2 区，它是一个"单向运行单元主电路"，由 KM1 控制通断，FR1 作为其过载保护元件，FU1 作为其短路保护元件。

（3）砂轮电动机 M2 主电路　位于 3 区，它是一个"单向运行单元主电路"，由 KM2 控制通断，FR2 作为其过载保护元件，FU1 作为其短路保护元件。

（4）冷却泵电动机 M3 主电路　位于 4 区，它是一个"单向运行主电路直接控制单元"，由 SA2 控制通断，FR3 作为其过载保护元件，FU1 作为其短路保护元件。

（5）砂轮箱电动机 M4 主电路　位于 5—6 区，它是一个"正反转控制单元主电路"，由 KM3 控制其正转，KM4 控制其反转。由于 M4 为短时间工作，故未设过载保护，FU1 作为其短路保护元件。

2. 控制电路分析

M7120 型平面磨床控制电路原理图，如图 2-1-17 所示。

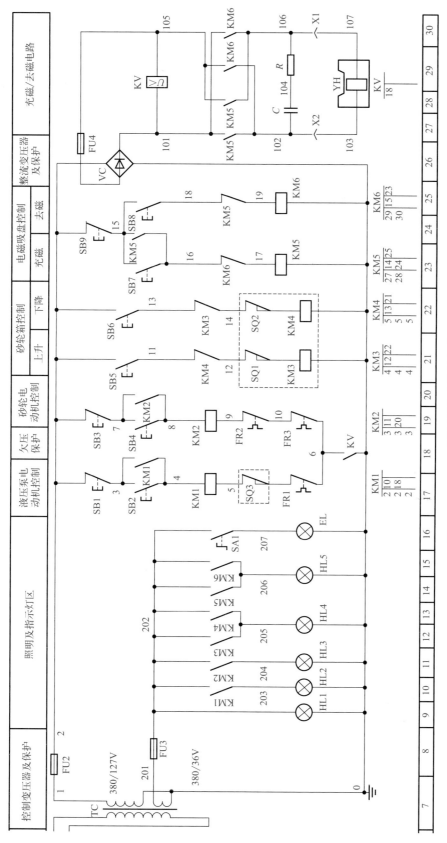

图 2-1-17 M7120型平面磨床控制电路原理图

(1) 控制和辅助电路电源及短路保护　控制电路电源是通过控制变压器 TC（7区）输出 127V 交流电压供电，熔断器 FU2（8区）作为短路保护；辅助电路电源是通过控制变压器 TC 输出 36V 交流电压供电，熔断器 FU3（8区）作为短路保护。

(2) 液压泵电动机 M1 的控制分析

① 启动：按下 SB2 → KM1 线圈得电吸合 → KM1 主触点（2区）闭合 → M1 运转，KM1 常开触点（18区）闭合（自锁）→ 松开 SB2 → KM1 线圈仍然通电 → M1 实现连续运转，KM1 常开触点（10区）闭合 → HL2 亮。

② 停止：按下 SB1 → KM1 线圈失电释放 → M1 停转、HL2 熄灭。

(3) 砂轮电动机 M2 的控制分析

① 启动：按下 SB4 → KM2 线圈得电吸合 → KM2 主触点（3区）闭合 → M2 运转，KM2 常开触点（20区）闭合（自锁）→ 松开 SB4 → KM1 线圈仍然通电 → M2 实现连续运转，KM2 常开触点（11区）闭合 → HL3 亮。

② 停止：按下 SB3 → KM2 线圈失电释放 → M2 停转、HL3 熄灭。

(4) 冷却泵电动机 M3 的控制分析　M3 电机由转换开关 SA2 来控制，其启停过程如下：

砂轮电动机 M2 启动后，当需要冷却泵电动机 M3 启动时，使 SA2 处于"ON"状态 → M3 启动运转；当不需要冷却泵电动机运转时，使 SA2 使之处于"OFF"状态 → M3 停止运转。

(5) 砂轮升降电动机 M4 的控制分析

① 上升控制：按下 SB5 → KM3 线圈得电吸合 → KM3 主触点（5区）闭合 → M4 正转运转 → 砂轮箱上升，KM3 常开触点（12区）闭合 → HL4 亮；当上升到预定位置 → 松开 SB5 → KM3 线圈失电释放 → M4 停止运转、HL4 熄灭。

② 下降控制：按下 SB6 → KM4 线圈得电吸合 → KM4 主触点（6区）闭合 → M4 反转运转 → 砂轮箱下降，KM4 常开触点（13区）闭合 → HL4 亮；当下降到预定位置 → 松开 SB6 → KM4 线圈失电释放 → M4 停止运转、HL4 熄灭。

(6) 辅助电路是信号指示和局部照明电路　由变压器 TC 供电，工作电压为 36V。

① 机床照明灯 EL 位于 16 区，由 SA1 控制。

② 电源指示灯 HL1 位于 9 区，无控制开关，电源正常时它就亮。

③ M1 运转指示灯 HL2 位于 10 区，由 KM1 控制。

④ M2 运转指示灯 HL3 位于 11 区，由 KM2 控制。

⑤ M4 运转指示灯 HL4 位于 12—13 区，由 KM3、KM4 控制。

⑥ 电磁工作台工作指示灯 HL5 位于 14—15 区，由 KM5、KM6 控制。

3. 电磁工作台控制电路分析

电磁工作台控制电路位于 23—30 区，包括三个部分：整流、控制和保护。

(1) 整流部分　由整流变压器 TC 和桥式整流电路 VC 组成，提供 110V 直流电压。

(2) 控制部分　由 KM5 和 KM6 两个接触器来实现充磁和去磁控制。

① 充磁过程：按下 SB7 → KM5 线圈得电吸合；KM5 主触点（101—102 线号、105—106 线号）闭合 → YH 充磁，KM5 常开触点（15—16 线号）闭合（自锁）→ 松开 SB7 → KM5 线圈仍然通电，KM5 常闭触点（18—19 线号）断开（互锁）→ KM6 线圈处于开路状态。

其充磁电流回路：VC 正极（101 线号）→ KM5 主触点（101—102 线号）→ YH 线圈（103—107 线号）→ KM5 主触点（106—105 线号）→ VC 负极（105 线号）。

② 去磁过程：按下 SB9 → KM5 线圈失电释放→按下 SB8 → KM6 线圈得电吸合；KM6 主触点（101—106 线号、105—102 线号）闭合→ YH 去磁；KM6 常闭触点（16—17 线号）断开（互锁）→ KM5 线圈处于开路状态；短时按下 SB8 后松开→ KM6 线圈失电释放→ YH 去磁结束。（去磁时间不能太长，否则工作台和工作件会反向磁化。）

其去磁电流回路：VC 正极（101 线号）→ KM6 主触点（101—106 线号）→ YH 线圈（103—107 线号）→ KM6 主触点（102—105 线号）→ VC 负极（105 线号）。

（3）保护部分　有放电电阻 R 和放电电容 C 及欠压继电器 KV。由于电磁工作台线圈是一个大磁感，在断电瞬间，线圈中会产生较大的自感应电动势，若无放电电路，将损坏线圈及其他电气元件，故在线圈两端接有 RC 放电回路，以吸收线圈在断电瞬间释放出的磁场能量。在加工中，若电源电压不足或电路发生故障，则电磁工作台吸力不足，会导致工件被高速旋转的砂轮碰击高速飞出造成事故，因此设置了欠压继电器 KV，若电源电压不足，欠压继电器 KV 不会动作，工作台和砂轮均不会动作。

任务实施

第一步：M7120 型平面磨床的正常操作

合上自动空气开关 QF1，电源指示灯 HL1 亮，在没有故障情况下，进行如下步骤操作时对应的现象：

① SA1 打到开（或关）→ EL 亮（或灭）。

② 按下 SB2 → KM1 吸合（自锁）→ M1 运行、HL2 亮；按下 SB1 → KM1 释放→ M1 停转、HL2 熄灭。

③ 按下 SB4 → KM2 吸合（自锁）→ M2 启动、HL3 亮；SA2 打到 ON（或 OFF）→ M3 启动（或停止）；按下 SB3 → KM2 释放→ M2 停转、HL3 灭。

④ 按下 SB5 → KM3 吸合→ M4 正转运行→砂轮箱上升、HL4 亮；松开 SB5 → KM3 释放→ M4 停止运行→砂轮箱停止上升、HL4 熄灭。

⑤ 按下 SB6 → KM4 吸合→ M4 反转运行→砂轮箱下降、HL4 亮；松开 SB6 → KM4 释放→ M4 停止运行→砂轮箱停止下降、HL4 熄灭。

⑥ 按下 SB7 → KM5 吸合（自锁）→电磁吸盘充磁、HL5 亮；按下 SB9 → KM5 释放→电磁吸盘断电、HL5 熄灭。

⑦ 按下 SB8 → KM6 吸合→电磁吸盘去磁、HL5 亮；松开 SB8 → KM6 释放→电磁吸盘断电、HL5 熄灭。

第二步：欠压继电器 KV 不能吸合的电气故障诊断与检修

① 如电源电压正常，检查欠压继电器 KV 线圈回路（101—105 线号）元器件接线是否虚接或断开，元器件触点是否完好等。

② 如电源电压不正常，检查熔断器 FU2 和 FU1 是否熔断，主电源是否缺相，电源回路接线是否正常等。

第三步：液压泵电动机 M1 不能启动的电气故障诊断与检修

① 如 KM1 不能吸合，先检查电源是否正常，如电压正常，检查电路（2—3—4—5—6—0 线号）元器件接线是否虚接或断开，元器件触点是否完好等。如电压不正常，检查熔断器 FU2 和 FU1 是否熔断，主电源是否缺相，电源回路接线是否正常等。

② 如 KM1 能吸合，检查电动机 M1 主电路（2 区）元器件接线是否虚接或断开，元器件触点是否完好等。

第四步：砂轮电动机 M2 不能启动的电气故障诊断与检修

① 如 KM2 不能吸合，先检查电源是否正常，如电压正常，检查电路（2—7—8—9—10—6—0 线号）元器件接线是否虚接或断开，元器件触点是否完好等。如电压不正常，检查熔断器 FU2 和 FU1 是否熔断，主电源是否缺相，电源回路接线是否正常等。

② 如 KM2 能吸合，检查电动机 M2 主电路（3 区）元器件接线是否虚接或断开，元器件触点是否完好等。

第五步：砂轮箱不能上升的电气故障诊断与检修

① 如 KM3 不能吸合，先检查电源是否正常，如电压正常，检查电路（2—11—12—0 线号）元器件接线是否虚接或断开，元器件触点是否完好等。如电压不正常，检查熔断器 FU2 和 FU1 是否熔断，主电源是否缺相，电源回路接线是否正常等。

② 如 KM3 能吸合，检查电动机 M4 主电路（5 区）元器件接线是否虚接或断开，元器件触点是否完好等。

第六步：砂轮箱不能下降的电气故障诊断与检修

① 如 KM4 不能吸合，先检查电源是否正常，如电压正常，检查电路（2—13—14—0 线号）元器件接线是否虚接或断开，元器件触点是否完好等。如电压不正常，检查熔断器 FU2 和 FU1 是否熔断，主电源是否缺相，电源回路接线是否正常等。

② 如 KM4 能吸合，检查电动机 M4 主电路（5—6 区）元器件接线是否虚接或断开，元器件触点是否完好等。

第七步：电磁吸盘没有吸力或吸力不足的电气故障诊断与检修

① 如果电磁吸盘没有吸力，首先应检查电源，从整流变压器 TC 的一次侧到二次侧，再检查整流器 VC 输出的直流电压是否正常；检查熔断器 FU1、FU2、FU3；检查插头插座 X1、X2 是否接触良好；接触器 KM5 的线圈回路有无断路；一直检查到电磁吸盘线圈 YH 两端有无 110V 直流电压。如果电压正常，电磁吸盘仍无吸力，则需要检查 YH 有无断线。

M7130 型平面磨床砂轮架的横向进给操作

② 如果是电磁吸盘的吸力不足，则多半是工作电压低于额定值，如桥式整流电路的某一桥臂出现故障，使全波整流变成半波整流，VC 输出的直流电压下降了一半；也可能是 YH 线圈局部短路，使空载时 VC 输出电压正常，而接上 YH 后电压低于正常值 110V。

第八步：电磁吸盘退磁效果差的电气故障诊断与检修

应检查退磁回路有无断开或元件损坏。此外，还应考虑是否有退磁操作不当的原因，如退磁时间过长。

M7130 液压泵电动机故障检修

任务评价

参照表 2-1-13，学生按要求完成任务内容，教师参照评分标准进行打分评价。

表 2-1-13 项目一任务五 任务评价单

班级：　　　　　　　　学号：　　　　　　　　姓名：

任务内容	配分	评分标准	得分
M7120 型平面磨床的正常操作	10	错误操作一次扣 3 分	
欠压继电器 KV 的电气故障检测	5	检测错误一次扣 3 分	
液压泵电动机 M1 的电气故障检测	10	检测错误一次扣 5 分	
砂轮电动机 M2 的电气故障检测	10	检测错误一次扣 5 分	
砂轮箱上升和下降的电气故障检测	10	检测错误一次扣 5 分	
电磁吸盘的电气故障检测	10	检测错误一次扣 5 分	
照明和指示灯的电气故障检测	5	检测错误一次扣 3 分	
正确使用设备和工具	10	错误使用一次扣 5 分	
规范操作意识	10	操作不规范一次扣 5 分	
团队协作意识	10	组员缺乏合作意识扣 10 分	
安全意识	10	缺乏安全意识扣 10 分	
教师签字		总得分	

任务六　X62W 型卧式万能铣床电气控制

◇ **知识目标**

1. 了解 X62W 型卧式万能铣床的结构和运动形式。
2. 掌握 X62W 型卧式万能铣床的电力拖动控制要求及电气控制工作原理。
3. 熟悉 X62W 型卧式万能铣床常见的电气故障。

◇ **能力目标**

1. 能熟练识读 X62W 型卧式万能铣床的电气控制原理图。
2. 能正确分析 X62W 型卧式万能铣床的电气控制电路工作原理。

3. 能检查判断 X62W 型卧式万能铣床常见的电气故障。

◇ **素质目标**

1. 培养坚忍不拔和积极进取的品质。
2. 培养善于沟通和团队协作的能力。

相关知识

一、X62W 型卧式万能铣床简介

1. X62W 型卧式万能铣床的功能

X62W 型万能铣床是一种用途广泛的机床，具有主轴转速高、调速范围宽、操作方便和加工范围广等特点。它可以用圆柱铣刀、圆片铣刀、角度铣刀、成型铣刀及端面铣刀等刀具，对各种零件进行平面、斜面、阶台面、沟槽等的铣削加工；装上分度头，还可以铣削齿轮和螺旋面等；如果加入圆工作台，还可以加工凸轮和弧形槽等。

2. X62W 型卧式万能铣床的基本结构

X62W 型卧式万能铣床的外观结构，如图 2-1-18 所示。它主要由底座、床身、悬梁、刀杆支架、溜板、回转盘、工作台和升降台等部分组成。

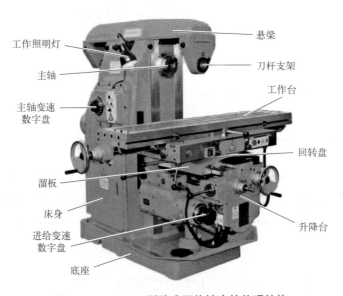

图 2-1-18　X62W 型卧式万能铣床的外观结构

（1）床身和底座　箱形的床身固定在底座上，用于安装和支承铣床的各部件，在床身内还装有主轴部件、主传动装置及变速操纵机构等。

（2）悬梁　在床身的顶部有水平导轨，上面装着带有一个或两个刀杆支架的悬梁。刀杆支架用来支撑铣刀芯轴的一端，铣刀芯轴的另一端则固定在主轴上，由主轴带动铣刀铣削。

刀杆支架可以在悬梁上水平移动，而悬梁又可以在床身顶部的水平导轨上水平移动，因此可以适应各种不同长度的芯轴。

（3）主轴　在床身的上部，用于固定铣刀，并带动铣刀铣削工件。

（4）升降台　在床身的前面安装有垂直导轨，升降台可沿着它上下移动，带动工作台作上下移动，升降台内装有进给运动和快速移动的传动装置及其操纵机构等。

（5）溜板　在升降台上面的水平导轨上，装有可在平行于主轴轴线的方向上移动（前后移动）的溜板，带动工作台在平行于主轴轴线的方向上前后移动。

（6）回转盘　溜板上部安装有可转动的回转盘。另外，回转盘相对于溜板可绕中心轴线左右转过一个角度（通常为±45°），工作台在水平面上除了能在平行于或垂直于主轴轴线方向进给外，还能在倾斜方向进给，可以加工螺旋槽，故而称万能铣床。

（7）工作台　在升降台上部，上有T形槽用来固定工件。紧固在工作台上的工件，通过工作台、回转盘、溜板和升降台，可以在三个坐标上的六个方向调整位置或进给运动。

3. X62W型万能铣床的型号含义

铣床型号X62W所代表的具体含义如下。

二、X62W型万能铣床的运动形式

X62W型万能铣床的运动形式示意图，如图2-1-19所示。

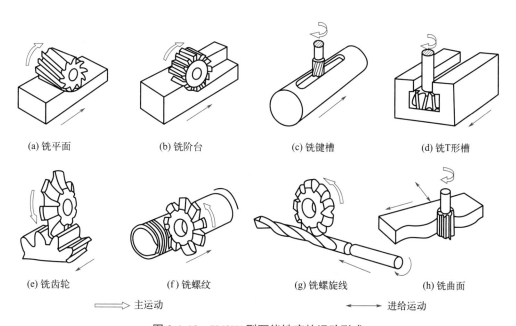

(a) 铣平面　　(b) 铣阶台　　(c) 铣键槽　　(d) 铣T形槽

(e) 铣齿轮　　(f) 铣螺纹　　(g) 铣螺旋线　　(h) 铣曲面

⇒ 主运动　　　　　　　　　↔ 进给运动

图2-1-19　X62W型万能铣床的运动形式

1. 主运动

铣床主轴带动刀杆和铣刀的旋转运动。

2. 进给运动

① 铣床工作台的前后（纵向）、左右（横向）和上下（垂直）六个方向上的直线运动和圆工作台的旋转运动。

② 升降台的上下移动，一般称为垂直运动。

③ 溜板沿水平导轨作平行于主轴轴线方向的前后移动，一般称为横向运动。

④ 工作台沿回转台上的导轨作垂直于轴线方向的左右移动，一般称为纵向运动。

3. 辅助运动

铣床工作台在前后、左右及上下六个方向上的快速移动。

三、X62W 型万能铣床的电力拖动及控制要求

X62W 型万能铣床共用 3 台异步电动机拖动，它们分别是主轴电动机 M1、进给电动机 M2 和冷却泵电动机 M3。

1. 主轴电动机 M1 的拖动及控制要求

铣床的主运动由一台笼型异步电动机拖动，直接启动，能够正反转，有电气制动环节，通过齿轮变速箱调速，并设有变速冲动环节。

① 铣削加工有顺铣和逆铣两种加工方式，所以要求主轴电动机能正反转，但考虑到正反转操作并不频繁，只要求预先选定主轴电动机的转向，在加工过程中则不需要主轴反转，因此由一个转换开关（也称倒顺开关）来改变电源相序实现主轴电动机的正反转。

② 铣刀是一种多刃刀具，其铣削过程是断续的切削，负载不稳定，造成拖动不平衡，为了减小负载波动的影响，在主轴上采用飞轮增加惯量，这样又引起主轴在停车时的惯性大，停车时间较长，影响生产效率。为了实现快速停车的目的，还要求主轴电动机在停止时有电气制动。

③ 主轴电动机通过主轴变速箱驱动主轴旋转，并由齿轮变速箱实现变速，以适应铣削工艺对转速的要求，电动机则不需要调速。变速后为了使齿轮能顺利啮合，要求能进行变速冲动，即在变速操作时用点动控制使电动机能够稍微转动一下。

2. 进给电动机 M2 的拖动及控制要求

工作台的进给运动和快速移动均由同一台笼型异步电动机拖动，直接启动，能够正反转，通过齿轮变速箱调速，也要求有变速冲动环节。

① 铣床的工作台要求有前后、左右、上下六个方向的进给运动和快速移动，所以也要求进给电动机能正反转，并通过操纵手柄和机械离合器相配合来实现。

② 为提高工作效率，缩短加工中调整进给动作的时间，该铣床装配了快速电磁铁，当电磁铁吸合时，可改变传动链的传动比，使进给动作加快，从而提高加工速度。

③ 为了扩大其加工能力，在工作台上可加装圆形工作台，圆形工作台的回转运动是由

进给电动机经传动机构驱动的。

④ 通过进给变速箱，可获得不同的进给速度。为了使进给传动系统在变速时齿轮能够顺利啮合，要求进给电动机在变速时能够稍微转动一下，即变速冲动。

3. 冷却泵电动机的拖动及控制要求

铣削加工时，为对刀具及工件进行冷却，需要一台冷却泵电动机拖动冷却泵输送冷却液，这台电动机只需单向旋转就行。

4. 联锁和保护控制

① 在铣削加工中，为了不使工件与铣刀碰撞而造成事故，要求只有主轴旋转后才允许有进给运动和进给方向的快速移动。

② 为了减小加工件表面的粗糙度，只有进给停止后主轴才能停止或同时停止。为此，铣床在电气上采用了主轴和进给同时停止的方式，但由于主轴运动的惯性很大，实际上就满足了进给运动先停止，主轴运动后停止的要求。

③ 为了保证机床、刀具的安全，在铣削加工时六个方向的进给运动只允许一个方向的进给运动。该铣床采用了机械操纵手柄和位置开关相配合的方式来实现六个方向的联锁。

④ 铣床主轴及进给运动采用变速盘来进行速度选择，为了使齿轮在变速时易于相互啮合，要求主轴电动机和进给拖动电动机都能在变速后作瞬时点动。

⑤ 当主轴电动机或冷却泵电动机过载时，进给运动必须立即停止，以免损坏刀具和铣床。

5. 多地控制

为了使操作者能在铣床的正面、侧面方便地操作，对主轴的启动、停止，工作台进给运动选向及快速移动等的控制，应设置两地控制。

四、X62W 型卧式万能铣床的电气控制线路原理分析

X62W 型万能铣床电气控制电路所用电气元件及其用途，见表 2-1-14。

表 2-1-14　X62W 型万能铣床电气控制电路所用电气元件及其用途

元器件名称	用途	元器件名称	用途
自动空气开关 QF	主电路电源开关	电动机 M3	冷却泵电动机
熔断器 FU1	主电路短路保护	接触器 KM1	冷却泵电动机运行控制
熔断器 FU2	控制电路短路保护	接触器 KM2	主轴电动机制动、冲动控制
熔断器 FU3	辅助电路短路保护	接触器 KM3	主轴电动机运行控制
电动机 M1	主轴电动机	接触器 KM4	进给电动机正转运行控制
电动机 M2	进给电动机	接触器 KM5	进给电动机反转运行控制

续表

元器件名称	用途	元器件名称	用途
接触器 KM6	电磁铁 YA 控制	按钮 SB6	快速进给按钮
热继电器 FR1	主轴电动机过载保护	行程开关 SQ1	向左进给控制开关
热继电器 FR2	进给电动机过载保护	行程开关 SQ2	向右进给控制开关
热继电器 FR3	冷却泵电动机过载保护	行程开关 SQ3	向前、下进给控制开关
速度继电器 KS	主轴反接制动控制	行程开关 SQ4	向后、上进给控制开关
电磁铁 YA	进给电动机快速控制	行程开关 SQ5	进给变速冲动控制开关
控制变压器 TC	控制和辅助电路电源	行程开关 SQ6	主轴变速冲动控制开关
转换开关 SA1	圆工作台控制	行程开关 SQ8	工作台上限位置保护开关
转换开关 SA2	主轴电动机正反转控制	行程开关 SQ9	工作台下限位置保护开关
转换开关 SA3	冷却泵控制	电灯 EL	机床照明灯
转换开关 SA4	照明灯控制开关	信号灯 HL1	电源指示灯
按钮 SB1	主轴及进给电动机停止按钮	信号灯 HL2	主轴电动机制动、冲动指示灯
按钮 SB2	主轴及进给电动机停止按钮	信号灯 HL3	冷却泵电动机运行指示灯
按钮 SB3	主轴电动机启动按钮	信号灯 HL4	圆工作台运行指示灯
按钮 SB4	主轴电动机启动按钮	信号灯 HL5	进给冲动指示灯
按钮 SB5	快速进给按钮	信号灯 HL6	快速进给指示灯

1. 主电路分析

X62W 型卧式万能铣床主电路原理图，如图 2-1-20 所示。

（1）电源开关及短路保护　位于 1 区，QF 为机床的电源总开关，FU1 为机床电源的总回路保护。

（2）主轴电动机 M1 主电路　位于 2 区，它是一个"正反转反接制动单元主电路"，SA2 控制其正反转，KM3 控制其运行；KM2、两相电阻与 KS 控制 M1 的停车反接制动，还可以进行变速冲动控制；FR1 作为其过载保护元件，FU1 作为其短路保护元件。

（3）进给电动机 M2 主电路　位于 3—4 区，它是一个"正反转控制单元主电路"，KM4 控制其正转，KM5 控制其反转；KM6 控制 YA，KM6 接通为快速移动，KM6 断开为正常自动进给；FR2 作为其过载保护元件，FU1 作为其短路保护元件。

（4）冷却泵电动机 M3 主电路　位于 5 区，它是一个"单向运行控制单元主电路"，KM1 控制其运行；FR3 作为其过载保护元件，FU1 作为其短路保护元件。

2. 控制电路分析

X62W 型卧式万能铣床控制电路原理图，如图 2-1-21 所示。

项目一 典型机床电气控制

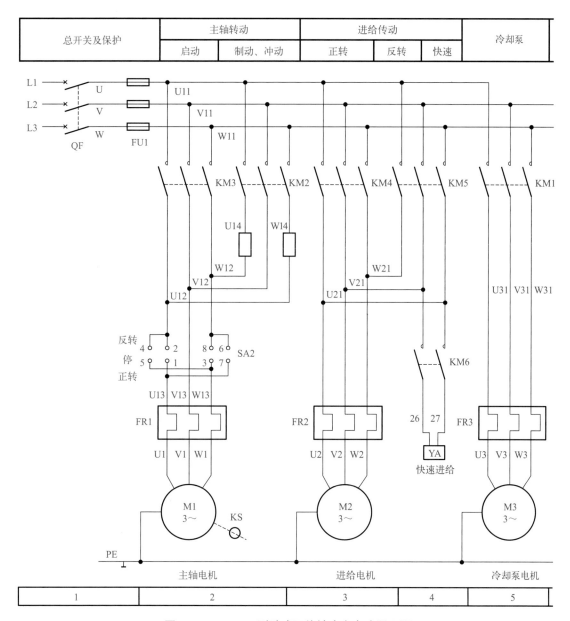

图 2-1-20 X62W 型卧式万能铣床主电路原理图

（1）控制和辅助电路电源及短路保护 控制电路电源（6区）通过 TC 输出 127V 交流电压供电，FU2 作为其短路保护；辅助电路电源（6区）通过 TC 输出 36V 交流电压供电，FU3 作为其短路保护。

（2）主轴电动机 M1 的控制分析

① 启动：合上 QF1 → 通过 SA2 预先选好 M1 的运转方向 → 按下 SB3（或 SB4）→ KM3 线圈通电吸合；KM3 主触点（2区）闭合 → M1 运转，KM3 常开触点（13区）闭合（自锁）→ 松开 SB3（或 SB4）→ KM3 线圈仍然通电，KM3 常闭触点（9区）断开（互锁）→ KM2 线圈处于开路状态；当 M1 转速 $n>120$r/min 时 → 速度继电器正转 KS-1（反转 KS-2）闭合 → 为 M1 停车时反接制动做准备。

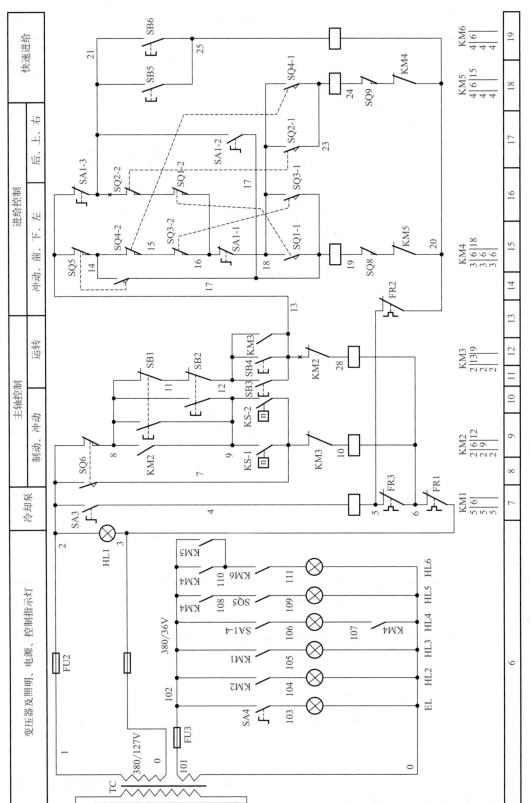

图 2-1-21 X62W 型卧式万能铣床控制电路原理图

② 停止：按下 SB1（或 SB2）→ SB1（或 SB2）常闭触点断开→ KM3 线圈断电释放→ KM3 触点复位→ M1 断电，SB1（或 SB2）常开触点闭合→ KM2 线圈通电吸合；KM2 主触点（2 区）闭合→ M1 反接制动，KM2 常开触点（2 区）闭合→指示灯 HL2 亮，KM2 常开触点（9 区）闭合（自锁）→松开 SB1（或 SB2）→ KM2 线圈仍然通电，KM2 常闭触点（12 区）断开（互锁）→ KM3 线圈处于开路状态；当 M1 转速 $n < 100r/min$ 时→速度继电器正转 KS-1（反转 KS-2）断开→ KM2 线圈断电释放→ KM2 触点复位→ M1 停车制动结束，指示灯 HL2 熄灭。

（3）主轴变速冲动控制　利用变速手柄、行程开关 SQ6 和变速数字盘的机电联合控制实现，既可以运行时变速，又可以停车时变速。

① 当主轴电机处于运行状态时→操作变速手柄→压动行程开关 SQ6；SQ6 常闭触点（9 区）断开→ KM3 线圈断电释放→ KM3 触点复位→ M1 断电，SQ6 常开触点（8 区）闭合→ KM2 线圈通电吸合→ KM2 触点动作；KM2 主触点（2 区）闭合→ M1 反接制动→低速反转实现变速冲动，KM2 常开触点（6 区）闭合→指示灯 HL2 亮。

② 当主轴电机处于停车状态时→操作变速手柄→压动行程开关 SQ6；SQ6 常开触点（8 区）闭合→ KM2 线圈通电吸合→ KM2 触点动作，KM2 主触点（2 区）闭合→ M1 低速反转实现变速冲动，KM2 常开触点（6 区）闭合→指示灯 HL2 亮。

③ 变速操作结束后→ SQ6 触点复位→ KM2 线圈断电释放→ KM2 触点复位→ M1 变速冲动结束、指示灯 HL2 熄灭。

总之，主轴变速冲动过程就是 SQ6 短时受压又恢复原状、主轴短时低速运转与机械变速紧密配合的过程，当主轴重新启动后，就会按照新的转速运行。

（4）工作台移动方向　由两个操作手柄来选择，两个手柄不能同时动作。

① 一个为左右（纵向）操作手柄，当扳向左面时压下 SQ1，则常开触点 SQ1-1 闭合，而常闭触点 SQ1-2 断开；当扳向右面时压下 SQ2，则常开触点 SQ2-1 闭合，而常闭触点 SQ2-2 断开。工作台纵向行程开关 SQ1 和 SQ2 的工作状态，见表 2-1-15。

注：下列表中"+"表示触点接通，"-"表示触点断开。

表 2-1-15　工作台纵向行程开关 SQ1 和 SQ2 的工作状态

行程开关	操作手柄		
	向左	中间（停）	向右
SQ1-1	+	-	-
SQ1-2	-	+	+
SQ2-1	-	-	+
SQ2-2	+	+	-

② 另一个为前后（横向）和上下（垂直）"十字"操作手柄，该手柄有五个位置，即上、下、前、后和中间零位。若向下或向前扳动，则 SQ3 受压，则常开触点 SQ3-1 闭合，而常闭触点 SQ3-2 断开；若向上或向后扳动，则 SQ4 受压，则常开触点 SQ4-1 闭合，而常闭触点 SQ4-2 断开。工作台垂直和横向行程开关 SQ3 和 SQ4 的工作状态，见表 2-1-16。

表 2-1-16　工作台垂直和横向行程开关 SQ3 和 SQ4 的工作状态

触点	操作手柄		
	向前 向下	中间 （停）	向后 向上
SQ3-1	+	−	−
SQ3-2	−	+	+
SQ4-1	−	−	+
SQ4-2	+	+	−

③ SA1 为圆工作台转换开关，它是一种二位式选择开关。当使用圆工作台时，SA1-2 与 SA1-4 均闭合，SA1-1 与 SA1-3 均断开；当不使用圆工作台而使用普通工作台时，SA1-1 与 SA1-3 均闭合，SA1-2 与 SA1-4 均断开。圆工作台转换开关 SA1 的工作状态，见表 2-1-17。

表 2-1-17　圆工作台转换开关 SA1 的工作状态

触点	接通圆工作台	断开圆工作台
SA1-1	−	+
SA1-2	+	−
SA1-3	−	+
SA1-4	+	−

（5）工作台左右（纵向）移动　只有主轴启动后，才能完成后续进给动作，此时除了 SA1 置于使用普通工作台位置外，十字手柄必须置于中间零位，进给冲动在断开位置。

① 若要工作台向左进给，则将左右手柄向左扳动使 SQ1 受压，KM4 通电，M2 正转，工作台向左进给。

KM4 通电的电流通路为：1—2—8—11—12—13 线号→ SQ5 常闭触点→ SQ4-2 → SQ3-2 → SA1-1 → SQ1-1 → KM4 线圈→ KM5 常闭触点→ 20—5—6—3—0 线号。

② 若此时要快速移动，则要按下 SB5 或 SB6，使得 KM5 以点动方式通电，快速电磁铁线圈 YA 通电，接上快速离合器，工作台向左快速移动。当松开 SB5 或 SB6 以后，就恢复向左进给状态。

③ 工作台向右移动时，电路的工作原理与向左时相似。

（6）工作台前后（横向）和上下（垂直）移动　此时除了 SA1 置于使用普通工作台位置外，左右手柄必须置于中间零位，进给冲动在断开位置。

① 若要工作台向上进给，将十字手柄向上扳动使 SQ4 受压，KM5 通电，M2 反转，工作台向上进给。

KM5 通电的电流通路为：1—2—8—11—12—13 线号→ SA1-3 → SQ2-2 → SQ1-2 → SA1-1 → SQ4-1 → KM5 线圈→ KM4 常闭触点→ 20—5—6—3—0 线号；常闭触点 SQ2-2 和 SQ1-2 用于工作台前后及上下移动同左右移动之间的互锁；另外，也设置了上限位 SQ8 和下限位 SQ9 保护，用终端撞块碰撞来实现。

② 类似地，若要快速上升，按动 SB5 或 SB6 即可。

③ 工作台的向下移动控制原理与向上移动控制类似。

④ 若要工作台向前进给，则只需将十字手柄向前扳动，使得 SQ3 受压，KM4 通电，M2 正转，工作台向前进给。工作台向后进给，可将十字手柄向后扳动实现。

注意：工作台的"向前"与"向下"运动使用的是同一个电流通路；而"向后"与"向上"运动使用的也是同一个电流通路；与十字手柄联动的机械机构会相应切换垂直运动和横向运动传动链，区分两种不同的运动。

(7) 工作台进给变速冲动控制　与主轴变速类似，为了使变速时齿轮易于啮合，控制电路中也设置了瞬时冲动控制环节。变速应在工作台停止移动时进行，操作过程是：先启动主电动机 M1，拉出蘑菇形变速手轮，同时转动所需要的进给速度，再把手轮用力往外一拉，并立即推回原位。

① 在将手轮拉到极限位置时，其连杆机构推动冲动开关 SQ5，使得 SQ5 常闭触点（15 区）断开，SQ5 常开触点（14 区）闭合，由于 SQ5 短时动作，KM4 短时通电，电动机 M2 短时冲动。

KM4 通电的电流通路为：1—2—8—11—12—13 线号→ SA1-3 → SQ2-2 → SQ1-2 → SQ3-2 → SQ4-2 → SQ5（常开）→ KM4 线圈→ KM5 常闭触点→ 20—5—6—3—0 线号。

② 左右手柄和十字手柄中只要有一个不在中间停止位置及圆工作台处于接通时，此电流通路便被切断，保证了变速冲动只能在工作台停止移动和圆工作台静止时进行。

(8) 圆工作台控制　使用圆工作台时，要将圆工作台转换开关 SA1 置于圆工作台"接通"位置，而且必须将左右手柄和十字手柄置于中间停车位置及进给冲动在断开位置。接下来，按动主轴启动按钮 SB3 或 SB4，主电动机 M1 便启动，而进给电动机 M2 也因 KM4 的通电而旋转。

KM4 通电的电流通路为：1—2—8—11—12—13 线号→ SQ5（常闭）→ SQ4-2 → SQ3-2 → SQ1-2 → SQ2-2 → SA1-2 → KM4 线圈→ KM5 常闭触→ 20—5—6—3—0 线号。

注意：通路中的 SQ1、SQ2、SQ3、SQ4 四个常闭触点为联锁触点，起着圆工作台转动与工作台三种移动的联锁保护作用，即只有在左右手柄和十字手柄处于"停止"位置时，工作台才能转动。

(9) 冷却泵电动机 M3 的控制　M3 的启停由转换开关 SA3 直接控制，无失压保护功能，不影响安全操作。

3. 辅助电路分析

① SA4 置于 ON（或 OFF），EL 亮（或灭）。

② 电源电压正常时，HL1 亮。

③ 主轴制动和变速冲动时，KM2 通电吸合，HL2 亮。

④ 冷却泵工作时，KM1 通电吸合，HL3 亮。

⑤ 圆工作台旋转时，SA1 置于"接通"位置，KM4 通电吸合，HL4 亮。

⑥ 进给变速冲动时，SQ5 动作，KM4 通电吸合，HL5 亮。

⑦ 快速进给时，KM4（或 KM5）与 KM6 通电吸合，HL6 亮。

任务实施

第一步：X62W 型卧式万能铣床的正常操作

合上自动空气开关 QF，电源指示灯 HL1 亮，在没有故障情况下，确保两个进给操作手柄都处于停止位置，且 SA1 处于关的位置时，进行如下步骤操作时对应的现象：

X62W 万能铣床冷却泵电动机故障仿真检修过程

① SA4 打到开（或关）→ EL 亮（或灭）。

② SA2 打到正（反）转位置→按下 SB3（或 SB4）→ KM3 得电吸合→ M1 启动。

③ M1 运转时→空载情况下用 SA2 实现 M1 的正反转；按下 SB1（或 SB2）→ KM3 失电释放、KM2 先得电吸合后失电释放→主轴电机 M1 停止、HL2 先亮后灭。

④ M1 停止时→操作主轴变速手柄进行变速操作→ KM2 得电吸合→ M1 变速冲动。

⑤ M1 运转时→进给两个操作手柄 6 个位置有 1 个接通的情况下→按下 SB5（或 SB6）→ KM6 得电吸合、HL6 亮；松开 SB5（或 SB6）→ KM6 失电释放、HL6 熄灭。

⑥ SA3 打到启动位置→ KM1 得电吸合→ M3 启动、HL3 亮。

⑦ M1 运转时→进给操作的两个手柄都在中间位置时→ SA1 打到开的位置→ KM4 得电吸合→ M2 正转→工作台旋转、HL4 亮。

⑧ M1 运转时→操作十字手柄动作之前→确保 SA1 打在关和左右手柄在中间的位置时→将十字手柄打到上（或后）位置→ KM5 得电吸合→ M2 反转→工作台向上（或后）运动；将十字开关打到向下（或前）→ KM4 得电吸合→ M2 正转→工作台向下（或前）运动。

⑨ M1 运转时→将左右手柄打到左的位置→ KM4 得电吸合→ M2 正转→工作台向左运动；将左右手柄打到右的位置→ KM5 得电吸合→ M2 反转→工作台向右运动。

⑩ M1 运转、M2 停止情况下→进行进给变速操作→ KM4 得电吸合→ M2 变速冲动、HL5 亮。

第二步：主轴电动机 M1 的电气故障诊断与检修

（1）M1 不能启动　与前面已分析过的机床的同类故障一样，先检查电源，然后判断是控制电路故障还是主电路故障，再确定是接线还是电气元件故障。

① 电源正常情况下，KM3 不吸合时，可判断出故障在 KM3 线圈控制回路，检查线号 3—8—11—12—13—28—6—2 回路。

② KM3 吸合时，可判断出故障在 2 区电动机 M1 主电路运行回路中。

（2）M1 停车时无制动

① KM2 不吸合时，可判断出故障在 KM2 线圈控制回路中，检查线号 3—8—9—7—10—6—2 回路。

② KM2 吸合时，可判断出故障在 2 区电动机 M1 主电路的制动与冲动回路中。

（3）主轴变速时无冲动

① KM2 不吸合时，可判断出故障在 KM2 线圈控制回路中，检查线号 3—7—10—6—2 回路。

② KM2 吸合时，可判断出故障在 2 区电动机 M1 主电路的制动与冲动回路中。重点检查行程开关 SQ6，在频繁动作后，是否造成开关位置移动，甚至开关底座被撞碎或触点接触

不良，这些都将造成主轴无变速时的瞬时冲动。

（4）按下停车按钮后 M1 不停　故障的主要原因可能是 KM3 的主触点熔焊。如果在按下停车按钮后，KM3 不释放，则可断定故障是由 KM3 主触点熔焊引起的。一旦出现这种情况，应马上断开机床电源总开关，进行检修。

第三步：工作台进给的电气故障诊断与检修

铣床的工作台应能够进行前、后、左、右、上、下六个方向的常速和快速进给运动，其控制是由电气和机械系统配合进行的，出现工作台进给运动的故障时，如果对机、电系统的部件逐个进行检查，是难以尽快查出故障所在的。可依次进行其他方向的常速进给、快速进给、进给变速冲动和圆工作台的进给控制试验，来逐步缩小故障范围，分析故障原因，然后再在故障范围内逐个对电气元件、触点、接线和接点进行检查。在检查时，还应考虑机械磨损或移位使操纵失灵等非电气的故障原因。这部分电路的故障较多，下面仅以一些较典型的故障为例来进行分析。

（1）工作台不能纵向进给

① 先对横向进给和垂直进给进行试验检查，如果正常，则说明进给电动机 M2、主电路、接触器 KM4、KM5 及与纵向进给相关的公共支路都正常。

② 检查进给变速冲动是否正常，如果也正常，则故障范围已缩小到 SQ1-1（18—17 线号）及 SQ2-1（18—23 线号）上了。

③ 如果进给变速冲动不正常，则故障范围可缩小到 SQ5 上。

一般情况下，SQ1-1、SQ2-1 两个行程开关的动合触点同时发生故障的可能性较小，而 SQ5 由于在进给变速时，常常会因用力过猛而容易损坏，所以应重点先检查它。

（2）工作台不能向上进给

① 首先进行进给变速冲动试验，若进给变速冲动正常，则可排除与向上进给控制相关的支路线号 13—21—22—16 和线号 20—5—6—2 电路存在故障的可能性。

② 再进行向右方向进给试验，若又正常，则又排除 16—18—（SQ2-1）—23—24—20 支路存在故障的可能性。这样，故障点就已缩小到 SQ4-1（18—23 线号）的范围内，可能的原因是在多次操作后，行程开关 SQ4 因安装螺钉松动而移位，造成操纵手柄虽已到位，但触碰不到 SQ4，致使其触点 SQ4-1 不能闭合，因此工作台不能向上进给。

③ 工作台不能向下、向前、向后方向进给时，检查操作与向上类似。

（3）工作台各个方向都不能进给

① 此时可先进行进给变速冲动和圆工作台的控制，如果都正常，则故障可能在圆工作台控制开关 SA1-1（16—18 线号）及其接线上。

② 若变速冲动也不能进行，则检查接触器 KM4 能否吸合，如果 KM4 不能吸合，除了 KM4 本身的故障之外，还应重点检查线号 13—21—22—16—15—14 和 19—20—5—6—2 电路中有关的电气部件、接点和接线等部分。

③ 若 KM4 能吸合，则应着重检查 M2 的主电路，包括 M2 的接线及绕组有无故障。

（4）工作台不能快速进给

① 如果工作台的常速进给运行正常，仅不能快速进给，则应检查 SB5、SB6 和 KM6 的接点和接线等部分。

② 如果这三个电器无故障，电磁铁 YA 电路的电压也正常，则故障可能发生在 YA 本

身上。

任务评价

参照表 2-1-18，学生按要求完成任务内容，教师参照评分标准进行打分评价。

表 2-1-18 项目一任务六 任务评价单

班级：　　　　　　　　　学号：　　　　　　　　　姓名：

任务内容	配分	评分标准	得分
X62W 型卧式万能铣床的正常操作	10	错误操作一次扣 3 分	
主轴电动机 M1 的电气故障检测	20	检测错误一次扣 5 分	
工作台左右进给的电气故障检测	5	检测错误一次扣 3 分	
工作台上下进给的电气故障检测	5	检测错误一次扣 3 分	
工作台前后进给的电气故障检测	5	检测错误一次扣 3 分	
工作台各个方向不能进给的电气故障检测	5	检测错误一次扣 3 分	
工作台不能快速进给的电气故障检测	5	检测错误一次扣 3 分	
照明和指示灯的电气故障检测	5	检测错误一次扣 3 分	
正确使用设备和工具	10	错误使用一次扣 5 分	
规范操作意识	10	操作不规范一次扣 5 分	
团队协作意识	10	组员缺乏合作意识扣 10 分	
安全意识	10	缺乏安全意识扣 10 分	
教师签字		总得分	

项目测试

1. 检修机床电气故障的常用方法有哪些？
2. 试分析 CA6140 型车床发生下列故障的原因。
（1）指示灯 HL1 不亮。
（2）三台电动机均不能启动。
（3）主轴电动机 M1 只能点动不能常动。
3. 简述 Z3050 型摇臂钻床摇臂升降移动的控制要求。
4. 试分析 Z3050 型摇臂钻床发生下列故障的原因。
（1）主轴电动机 M1 不能启动。
（2）四台电动机均不能启动。

（3）摇臂升降后不能夹紧。

5. 简述 M7120 型平面磨床工作台的纵向往返运动是如何实现的。

6. 简述 M7120 型平面磨床电磁吸盘的控制要求。

7. 试分析 M7120 型平面磨床发生下列故障的原因。

（1）砂轮能上升不能下降。

（2）工作台不能纵向运动。

（3）电磁吸盘没有吸力。

8. 简述 X62W 型卧式万能铣床主轴的正反转是如何实现的。

9. 何为变速冲动？变速冲动的目的是什么？

10. 试分析 X62W 型卧式万能铣床发生下列故障的原因。

（1）M1 停车时无制动。

（2）工作台各个方向都不能进给。

（3）主轴变速时无冲动。

项目二 电动机 PLC 控制

电动机 PLC 控制电路是一种比较常见的自动化控制电路，通过 PLC 控制器、继电器、接触器等电气元件，实现对电动机各种运行状态的自动控制，常用于工业生产中的设备自动控制，以提高生产效率和降低劳动力成本。本项目为几种常用的典型电动机 PLC 控制，可与电动机继电器-接触器控制电路相对照，使学习者在掌握了电动机继电器-接触器控制电路的基础上，全面地了解 PLC 的控制原理和应用技术。

任务一　西门子 S7-200 PLC 认知

◇ **知识目标**

1. 了解 PLC 的定义、功能、特点、发展状况和应用领域。
2. 掌握 S7-200 PLC 的基本结构、工作原理和主要性能指标。
3. 掌握 S7-200 PLC 的外部端子功能及连接方法。
4. 掌握 S7-200 PLC 梯形图编程语言的编程规则。

◇ **能力目标**

1. 能正确安装 STEP7-Micro/WIN V4.0 编程软件。
2. 会使用 STEP7-Micro/WIN V4.0 编程软件进行程序创建、编辑、通信和下载。

◇ **素质目标**

1. 树立绿色设计与制造的理念。
2. 培养技能报国的家国情怀和使命担当。

相关知识

一、PLC 概述

1. PLC 的定义

PLC 是可编程逻辑控制器（Programmable Logic Controller）的英文缩写，国际电工委员会（IEC）在其标准中对 PLC 的定义是：可编程控制器是一种数字运算操作的电子系统，是专为在工业环境下应用而设计的。它采用可编程序的存储器，用来在其内部存储程序，执行逻辑运算、顺序控制、定时、计数和算术运算等操作的指令，并通过数字的或模拟的输入和输出，控制各种类型的机械或生产过程。可编程逻辑控制器及其有关外部设备，都应按易于与工业控制系统联成一个整体、易于扩充其功能的原则设计。

2. PLC 的由来

20 世纪 60 年代末期，美国通用汽车公司在对工厂生产线进行调整时，发现继电器 - 接触器控制系统修改难、体积大、噪声大、维护不方便以及可靠性差，为了适应生产工艺不断更新的需要，在 1968 年对研制新型控制装置提出了著名的"通用十条"招标指标，意在取代继电器 - 接触器控制装置。其具体内容如下：

① 编程方便，现场可修改程序。
② 维修方便，采用模块化结构。
③ 可靠性高于继电器控制装置。
④ 体积小于继电器控制装置。
⑤ 数据可直接送入计算机。
⑥ 成本可与继电器控制装置竞争。
⑦ 输入可以是交流 115V（美国电压标准）。
⑧ 输出为交流 115V，2A 以上，能直接驱动电磁阀、接触器等。
⑨ 在扩展时，原系统只要很小的变更。
⑩ 用户程序存储器容量能扩展。

1969 年，美国数字设备公司（DEC）根据上述要求，研制出世界上第一台 PLC，并在美国通用汽车公司（GM）汽车生产线上首次试用成功，它克服了原有继电器 - 接触器式控制系统的接线复杂、不利于加工产品的更新换代等缺点，实现了生产的自动化。

3. PLC 的基本结构

PLC 实质上就是一种专用于工业控制的计算机，其硬件采用了典型的计算机结构，主要是由中央处理单元（CPU）、存储器（RAM/ROM）、输入输出接口（I/O）、通信接口（外设接口）、扩展接口、电源等组成的，如图 2-2-1 所示。

（1）中央处理单元（CPU） 它是 PLC 的核心部件，其性能决定了 PLC 的性能，它由控制器、运算器和寄存器组成，这些电路都集中在一块芯片上，通过地址总线、控制总线与存储器的输入 / 输出接口电路相连。

（2）存储器 它是具有记忆功能的半导体电路，它的作用是存放系统程序、用户程序、逻辑变量和其他一些信息。根据存储信息的不同性质，在 PLC 中通常使用以下类型的存储器：

① 只读存储器（ROM）是系统程序存储器，用来存储系统程序（包括管理程序、监控程序和系统内部数据等），系统程序由 PLC 制造商编写并在出厂前将其永久固化在只读存储器 ROM 中，具有开机自检、键盘输入处理、用户程序翻译、信息传输、工作模式选择等功能。PLC 断电后，ROM 的内容不会丢失，用户只能阅读，不能更改。

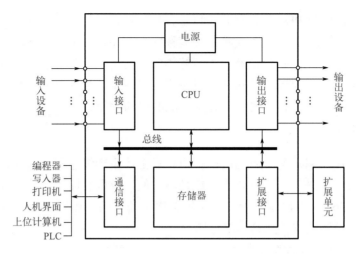

图 2-2-1　PLC 的基本结构

② 随机存储器（RAM）也称为读写存储器，是用户存储器，用来存储各种暂存数据、中间结果和用户程序。用户存储器用来存储需要经常读出和修改的内容，根据所选择的存储器的类型不同，可以是 RAM、EPROM 和 EEPROM 存储器，用户可以对程序进行修改和增减。

③ 可擦除可编程只读存储器（EPROM/EEPROM）是一种可擦除的只读存储器，在断电情况下，存储器内的所有信息内容保持不变；当重写信息时，必须在重写之前用紫外光擦除存储器的原有信息。

（3）输入接口电路　它是外部信号进入 PLC 的桥梁，用来采集外部的输入信号，并将这些信号转换成 CPU 可接收的内部信息。PLC 的输入信号有两种：数字量（开关量）和模拟量。在学习中常涉及的输入信号当中，开关量最普遍，所以在此主要介绍开关量接口电路。图 2-2-2 所示为采用光电耦合器的开关量输入接口电路，经过了电气隔离后，信号才送入 CPU 执行，防止现场的强电干扰。

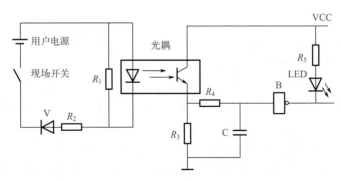

图 2-2-2　采用光电耦合器的开关量输入接口电路原理图

（4）输出接口电路　它是 PLC 与外部负载之间的一个桥梁，能够将 PLC 向外输出的信号转化成可以驱动外部电路的控制信号，以便控制如接触器线圈等电器的通断电。如图 2-2-3 所示，PLC 输出接口电路一般分为继电器输出、晶体管输出和晶闸管输出三种输出方式。其中继电器输出和晶体管输出最为常用，晶体管输出只能带直流负载，继电器输出既能带直流又能带交流负载。

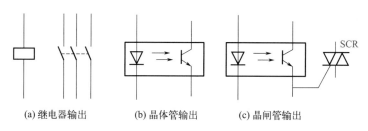

图 2-2-3 可编程序控制器的三种输出方式电路原理图

（5）通信接口 用于连接计算机、编程器、打印机或其他 PLC 等，可以实现编程、监控、联网等功能。PLC 配有多种通信接口，可使用 PC/PPI 电缆或者 MPI 卡通过 RS-485 接口与计算机连接，可组成多机系统或连成网络，实现更大规模控制。

（6）扩展接口 用于连接 I/O 扩展模块和特殊功能模块。扩展模块具体又可以分为通信模块、温度模块、数字量输入\输出模块、模拟量输入\输出模块等，还有一些特定功能的模块，用户可以根据自己的需要来选择模块。

（7）电源 PLC 一般使用 220V 交流电源，一般交流电源波动在 ±10%（±15%）范围内，可以不采取其他措施而将 PLC 直接连接到交流电网上去。PLC 内部所需的直流电，大部分采用开关式稳压电源供电。

4. PLC 的工作原理

（1）PLC 的等效电路 从功能上讲，PLC 的内部的软元器件与继电器器件类似，为了便于说明 PLC 的工作原理，可以把 PLC 的控制部分看作是由许多"软继电器"组成的等效电路，如图 2-2-4 所示。

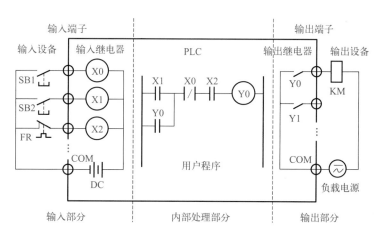

图 2-2-4 PLC 控制系统组成及其等效电路

① 输入部分由外部输入元件、PLC 输入接线端子、等效输入继电器线圈三部分组成。每个输入继电器与输入信号一一对应，当外部输入为"1"时，输入继电器线圈得电，内部控制电路中对应的输入继电器的常开和常闭触点动作（理论上常开和常闭触点有无数个）。

注意：输入继电器的线圈只能是由来自现场的输入元件驱动，如控制按钮、行程开关的触点、各种检测及保护器件的触点等，而不能用编程的方式去控制。因此，在梯形图程序中，只能使用输入继电器的触点，不能使用输入继电器的线圈。

② 输出部分由等效输出继电器常开触点、PLC 输出接线端子、外部执行元件三部分组成。每个输出继电器常开触点与内部控制电路中的输出继电器线圈一一对应，当输出继电器线圈为"1"时，输出继电器的常开和常闭触点动作。PLC 的内部控制电路中有许多输出继电器，每个输出继电器为内部控制电路提供编程用的常开和常闭触点理论上有无数个，但每一输出继电器只能有一个用于驱动外部执行元件的常开触点。

注意：驱动外部负载电路的电源必须由外部提供，电源的种类及规格可根据负载要求来配备，只要在 PLC 允许的电压范围内工作即可。

③ 内部处理部分是用户编制的控制程序，通常用梯形图表示，控制程序放在 PLC 的用户程序存储器中。对于使用者来说，在编制程序时，可把 PLC 看成内部由许多"软继电器"组成的控制器，用近似继电器控制线路的编程语言代替硬的继电器-接触器控制电路。系统运行时，PLC 依次读取用户存储器中的程序语句，对它的内容进行运算处理，将处理的结果送到 PLC 的输出端子，以控制外部负载的工作。

（2）PLC 的扫描工作过程 当 PLC 投入运行后，其工作过程一般分为三个阶段，即输入采样、用户程序执行和输出刷新，完成上述三个阶段称作一个扫描周期，如图 2-2-5 所示。在整个运行期间，PLC 的 CPU 都以一定的扫描速度重复执行上述三个阶段。

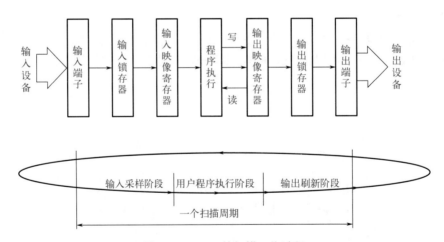

图 2-2-5 PLC 的扫描工作过程

① 输入采样阶段。CPU 以扫描方式读入所有暂存在输入锁存器中的输入端子的通断状态或输入数据，并将其写入各对应的输入映像寄存器中，即刷新输入。随即关闭输入端口，转入用户程序执行和输出刷新阶段，在这两个阶段中，即使输入状态或数据发生变化，输入映像寄存器的内容也不会改变，而这些变化必须等到下一工作周期的输入采样阶段才能被读入。

② 用户程序执行阶段。CPU 总是从第一条指令开始，按指令步序号执行用户程序（梯形图），在没有跳转指令时，逐条顺序地扫描，直到用户程序结束之处。在扫描每一条梯形图程序时，又总是先扫描梯形图左边的由各触点构成的控制线路，并按先左后右、先上后下

的顺序对由触点构成的控制线路进行逻辑运算,并将相应的逻辑运算结果存入对应的内部辅助寄存器和输出映像寄存器。

③ 输出刷新阶段。CPU 将输出映像寄存器中的内容,依次送到输出锁存电路,再经输出电路驱动外部相应执行元件工作,这才形成 PLC 的真正输出。

5. PLC 的功能

随着 PLC 的性能价格比不断提高,PLC 的应用范围不断扩大,PLC 可实现的功能也越来越多,其主要功能有以下几个方面:

(1)逻辑控制　PLC 具有开关量逻辑运算功能,能够进行与、或、非等逻辑运算,这是 PLC 最基本、最广泛的应用。

(2)定时控制　PLC 为用户提供了一定数量的定时器,有接通延时、关断延时和时钟脉冲等方式,时间可以精确到毫秒级,用户可以自行设定,定时设定方便、灵活,定时精度高。

(3)计数控制　PLC 为用户提供的计数器分为普通计数器、可逆计数器和高速计数器等,用来完成不同用途的计数控制。

(4)步进控制　PLC 为用户提供了一定数量的移位寄存器,可方便地完成步进控制功能。

(5)系统监控　PLC 具有较强的监控能力,可以对系统配置、硬件状态、指令合法性、网络通信等进行自诊断,监视系统的运行状态,如监控到特别状况,则报警且提示错误类型。操作人员可以根据 PLC 的监控信息,通过监控命令,改变对异常值的设定。如果是严重错误则系统会自动停止运行,大大提高了系统的安全性。

(6)数据处理　大部分 PLC 都具有不同程度的数据处理功能,可以完成数据的采集、存储和处理。如数学运算(加、减、乘、除、乘方、开方等)、逻辑运算(与、或、非等)、数据移位、比较、传送及转换等操作。

(7)过程控制　PLC 可以接收温度、压力、流量等连续变化的模拟量,通过模拟量 I/O 模块,实现模拟量和数字量之间的 A/D 和 D/A 转换,并对模拟量实行闭环 PID 控制。

(8)通信和联网　现在的 PLC 大多数都采用了通信和网络技术,在系统构成时,可由一台计算机与多台 PLC 构成"集中管理、分散控制"的分布式控制网络,多台 PLC 可彼此联网和通信,实现信息共享和交换。

二、西门子 S7-200 PLC 的基本构成

一个最基本的 S7-200 PLC 控制系统由基本单元(S7-200 CPU 模块)、个人计算机或编程器、STEP7-Micro/WIN 编程软件及通信电缆组成。在需要进行系统扩展时,系统组成中还可包含数字量/模拟量扩展模块、智能模块、通信网络设备、人机界面及相应的工业控制软件(MCGS)等。

1. 基本单元

基本单元也称为主机,PLC 的处理器、存储器、电源、基本输入输出接口、通信接口等都安装于基本单元上,基本单元有集成的 I/O 点,可以通过扩展接口连接 I/O 扩展模

块和其他一些功能模块。这些都被紧凑地安装在一个独立的装置中，基本单元可以构成一个独立的控制系统。目前，S7-200 PLC 主要有 CPU221、CPU222、CPU224、CPU224XP、CPU226 这五种规格，虽然外形略有差别，但基本结构相同或类似。S7-200 CPU224 的外部结构如图 2-2-6 所示。

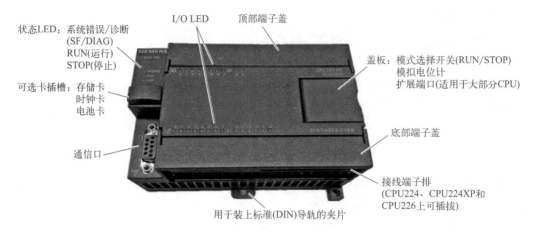

图 2-2-6　S7-200 CPU224 PLC 的外部结构

2. S7-200 的 CPU 模块

CPU221 是整体式 PLC，I/O 点数不能扩展，适用于小点数的微型控制系统；CPU222、CPU224、CPU224XP、CPU226 是叠装式 PLC，可以连接扩展 I/O 模块与功能模块，适用于复杂的中小型控制系统。这五种规格中，性能依次提高，特别是用户程序存储器容量、数字量/模拟量 I/O 点数、高速计数功能等方面有明显区别。S7-200 PLC 不同 CPU 模块的技术指标，见表 2-2-1。

表 2-2-1　S7-200 PLC 不同 CPU 模块的主要技术指标

指　标	CPU221	CPU222	CPU224	CPU224XP	CPU226
程序存储器 /B 在线程序编辑时 非在线程序编辑时	4096 4096	8192 12288	12288 16384	16384 24576	
数据存储器 /B	2048	8192	10240		
掉电保持（超级电容）/h	50	100			
本机数字量 I/O	6入/4出	8入/6出	14入/10出		24入/16出
本机模拟量 I/O	—	—	—	2入/1出	—
扩展模块数量	—	2	7		
数字量 I/O 映像区	128入/128出				
模拟量 I/O 映像区	—	16入/16出	32入/32出		
脉冲捕捉输入 /个	6	8	14		24

续表

高速计数器/个		4	6	
高速脉冲输出/个（DC）		2（20kHz）	2（100kHz）	2（20kHz）
布尔指令执行速度		0.22μs/指令		
定时器/计数器		256/256		
定时中断/个		2（1ms 分辨率）		
模拟量调节电位器/个		1（8 位分辨率）	2（8 位分辨率）	
实时时钟		配时钟卡	内置	
RS-485 通信口/个		1		2
供电能力/mA	DC 5V	0	340	660	1000
	DC 24V	180	280	400

3. 编程设备

编程设备的功能是编制程序、修改程序、测试程序，并将测试合格的程序下载到 PLC 系统中。目前广泛采用个人计算机作为编程设备，但需配置西门子提供的专用编程软件。

4. 通信电缆

西门子 PLC 的通信电缆主要有三种：PC/PPI 通信电缆、RS-232C/PPI 多主站通信电缆和 USB/PPI 多主站通信电缆。这些通信电缆将 S7-200 PLC 与计算机连接后，通过编程软件设置即可实现计算机与 S7-200 PLC 间的通信和数据传输。

5. 人机界面

人机界面（HMI）主要指专用操作员界面，如操作员面板、触摸屏、文本显示器，这些设备可以使用户通过友好的操作界面完成各种调试和控制任务。

三、S7-200 PLC 的数据类型与存储区域

在 PLC 的编程语言中，大多数指令要同具有一定大小的数据对象一起进行操作，不同的数据对象具有不同的数据类型，不同的数据类型具有不同的数制和格式选择，任何类型的数据都是以一定格式采用二进制的形式保存在存储器内的。

1. S7-200 PLC 的数据类型

S7-200 系列在存储单元所存放的数据类型有布尔型、字节型、整型、实型（浮点数）和字符串等类型。数据从数据长度上可分为位、字节、字和双字等。S7-200 PLC 的基本数据类型长度及数值范围，见表 2-2-2。

表 2-2-2　S7-200 PLC 的基本数据类型及数值范围

基本数据类型		数据位数	数值范围	
			十进制	十六进制
布尔型（BOOL）		1	0，1	
无符号数	字节型 B（BYTE）	8	0～255	0～FF
	字型 W（WORD）	16	0～65535	0～FFFF
	双字型 D（DWORD）	32	0～(2^{32}-1)	0～FFFF FFFF
有符号数	字节型 B（BYTE）	8	-128～+127	80～7F
	整型（INT）	16	-32768～+32767	8000～7FFF
	双整型（DINT）	32	-2^{31}～(2^{31}-1)	8000 0000～7FFF FFFF
实数型（REAL）		32	±1.175495E-38～±3.402823E+38	

（1）位（Bit）　位是 PLC 中最基本的数据类型，一位二进制数称为 1 位（Bit），定义其数据类型为布尔型（BOOL）。它是处理数据的最小单位，只有 "0" 或 "1" 两种状态。在 PLC 编程中，通常用位来表示输入和输出的开关状态，比如开关是否打开，按钮是否按下等。位通常用于逻辑运算，如与、或、非等操作。例如，I0.0，Q0.1，M0.0，V0.1 等。

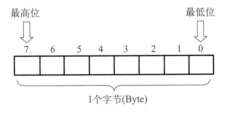

图 2-2-7　字节示意图

（2）字节 B（Byte）　字节是 PLC 中常用的数据类型，定义一个字节（Byte）等于 8 位（bit），常用来表示无符号整数、字符等信息，如图 2-2-7 所示。其中，0 位为最低位，7 位为最高位。

（3）字 W（Word）　相邻的两字节（Byte）组成一个字（Word），所以一个字为 16 位，用来表示一个无符号整数。例如，IW0 由 IB0 和 IB1 组成，其中 I 是输入映像寄存器，W 表示字，0 是字的起始字节。

（4）双字 D（DoubleWord）　相邻的两个字（Word）组成一个双字，所以一个双字为 32 位，用来表示一个较大的无符号整数。例如，MD100 是由 MW100 和 MW102 组成的，其中 M 是位存储区，D 表示双字，100 是双字的起始字节。

特别注意：以上的字节、字和双字数据类型均为无符号数，即只有正数，没有负数。

（5）整型 INT（Integer）　整型是 PLC 中表示有符号整数的数据类型，为 16 位的有符号整数，最高位为符号位，1 表示负数，0 表示正数。去掉一个符号位后，余下的数据只有 15 位。

（6）双整型 DINT（DoubleInteger） 双整型为 32 位的有符号整数，最高位为符号位，1 表示负数，0 表示正数。去掉一个符号位后，余下的数据只有 31 位。

（7）实型 R（Real） 实型即浮点数是 PLC 中表示实数的数据类型，浮点数具有更高的精度和范围，可以表示小数、整数和指数。浮点数常用于表示温度、压力、流量等模拟量数据，以及进行浮点数运算。

（8）字符串（String） 字符串是 PLC 中表示文本数据的数据类型，其位数根据字符串长度而定。字符串可以存储和传输多个字符，常用于表示文本信息、报警信息等。在 PLC 编程中，字符串可以进行拼接、比较、截取等操作，用于处理文本数据。

2. S7-200 PLC 的存储区域

CPU 的数据存储器主要用来处理和存储系统运行过程中的相关数据，S7-200 PLC 常用存储区主要包括以下几种：I 区、Q 区、M 区、T 区、C 区、V 区、L 区、S 区、SM 区、HC 区、AC 区、AI 区、AQ 区等，这些所有的存储区大小都是固定的，并不能进行扩展。S7-200 PLC 各存储区的大小由 CPU 的型号确定，各存储器的寻址范围见表 2-2-3。

表 2-2-3　S7-200 系列 PLC 的存储器寻址范围

存储区	CPU221 CN	CPU222 CN	CPU224 CN	CPU224XP CN	CPU226 CN
输入映像寄存器（I）	I0.0～I15.7	I0.0～I15.7	I0.0～I15.7	I0.0～I15.7	I0.0～I15.7
输出映像寄存器（Q）	Q0.0～Q15.7	Q0.0～Q15.7	Q0.0～Q15.7	Q0.0～Q15.7	Q0.0～Q15.7
位存储器（M）	M0.0～M31.7	M0.0～M31.7	M0.0～M31.7	M0.0～M31.7	M0.0～M31.7
定时器（T）	T0～T255	T0～T255	T0～T255	T0～T255	T0～T255
计数器（C）	C0～C255	C0～C255	C0～C255	C0～C255	C0～C255
变量存储器（V）	VB0～VB2047	VB0～VB2047	VB0～VB8191	VB0～VB10239	VB0～VB10239
局部存储器（L）	LB0～LB63	LB0～LB63	LB0～LB63	LB0～LB63	LB0～LB63
顺序控制继电器（S）	S0.0～S31.7	S0.0～S31.7	S0.0～S31.7	S0.0～S31.7	S0.0～S31.7
特殊存储器（SM）只读	SM0.0～SM179.7 SM0.0～SM29.7	SM0.0～SM199.7 SM0.0～SM29.7	SM0.0～SM549.7 SM0.0～SM29.7	SM0.0～SM549.7 SM0.0～SM29.7	SM0.0～SM549.7 SM0.0～SM29.7
高速计数器（HC）	HC0～HC5	HC0～HC5	HC0～HC5	HC0～HC5	HC0～HC5
累加寄存器（AC）	AC0～AC3	AC0～AC3	AC0～AC3	AC0～AC3	AC0～AC3
模拟量输入（AI）	AIW0～AIW30	AIW0～AIW30	AIW0～AIW62	AIW0～AIW62	AIW0～AIW62
模拟量输出（AQ）	AQW0～AQW30	AQW0～AQW30	AQW0～AQW62	AQW0～AQW62	AQW0～AQW62

（1）输入映像寄存器（I） 又称输入继电器，是 PLC 数字量输入信号状态的存储区。
（2）输出映像寄存器（Q） 又称输出继电器，是 PLC 数字量输出信号状态的存储区。

(3) 位存储器（M） 又称中间继电器，是 PLC 中间操作状态和其他控制信息的标志位的存储区。

(4) 定时器（T） 又称时间继电器，S7-200 PLC 有 3 种定时器，它们的时间基准增量分别为 1ms、10ms 和 100ms。

(5) 计数器（C） 类似于定时器，用来累计输入脉冲的个数。其设定值在程序中给出，S7-200 PLC 提供 3 种计数器，加计数器、减计数器和加减计数器。

(6) 变量存储器（V） 是 S7-200 CPU 为保存中间变量数据而建立的一个存储区，用来存储全局变量、存放数据运算的中间运算结果或其他相关数据。

(7) 局部存储器（L） 是 S7-200 CPU 为局部变量数据建立的一个存储区，用来在子程序和调用它的程序间直接传递参数。

(8) 顺序控制继电器（S） 是 S7-200 CPU 为顺序控制继电器的数据而建立的一个存储区，用于组织设备的顺序操作，并提供控制程序的逻辑分断。

(9) 特殊存储器（SM） 是 S7-200 PLC 为保存自身工作状态数据而建立的一个存储区，用于 CPU 和用户程序之间传递信息。

(10) 高速计数器（HC） 用来累计比 CPU 的扫描速率更快的事件，计数过程与扫描周期无关。

(11) 累加器（AC） 可以像存储器那样进行读/写的单元，可以用累加器向子程序传递参数，或从子程序返回参数，以及用来存储计算的中间数据。

(12) 模拟量输入（AI） 是 S7-200 CPU 为模拟量输入端信号开辟的一个存储区。CPU 是不能直接处理输入模拟量的，S7-200 PLC 用 A/D 转换器将外界连续变化的模拟量转换为一个字长的数字量。

(13) 模拟量输出（AQ） 是 S7-200 CPU 为模拟量输出端信号开辟的一个存储区。S7-200 PLC 将一个字长的数字量用 D/A 转换器转换为外界的电流或电压模拟量。

四、S7-200 PLC 的编程语言

S7-200 PLC 可采用梯形图（LAD）、语句表（STL）和功能块图（FBD）三种编程语言编程。PLC 的使用者主要是工厂的广大电气技术人员，他们熟悉传统的继电器-接触器控制系统，大多数使用者习惯用梯形图编程。

1. 梯形图（LAD）

梯形图是与传统的继电器-接触器控制系统的电路图相对应的图形化编程语言，它将 PLC 内部的各种编程元件（如触点、线圈、定时器、计数器等）和各种具有特定功能的命令用专用图形符号及标号定义，并按逻辑要求及连接规律组合和排列，从而构成了表示 PLC 输入与输出之间控制关系的图形。

如图 2-2-8 所示，梯形图由触点、线圈或功能块组成。梯形图按照从左到右、自上而下的顺序排列，最左边的竖线称为起始母线也叫左母线，然后按一定的控制要求和规则连接各个接点，最后以继电器线圈或功能块结束（右母线省略），称为一逻辑行或叫"梯级"，通常一个梯形图中有若干逻辑行（梯级），形似梯子。

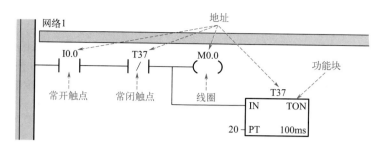

图 2-2-8 梯形图示例

2. 语句表（STL）

语句表是一种基于文本的编程语言，它类似于汇编语言，它用助记符来表达 PLC 的各种控制功能，使用简洁的指令和操作码来编写程序，如图 2-2-9 所示。

目前大多数 PLC 都有语句表编程功能，但各厂家生产的 PLC 语句表的助记符不相同，也不兼容。语句表可以编写梯形图和功能块图无法编写的程序，它适用于复杂的算法和高级控制，熟悉 PLC 和逻辑编程的有经验的程序员适合用语句表编程。S7-200 系列 PLC 常用的语句表编程基本指令，见表 2-2-4。

表 2-2-4 S7-200 PLC 语句表编程基本指令

指令	功能	说明
LD	常开触点指令	用于一个与输入母线相连的常开触点指令，即常开触点逻辑运算起始
LDN	常闭触点指令	用于一个与输入母线相连的常闭触点指令，即常闭触点逻辑运算起始
A	与常开触点指令	用于单个常开触点的串联
AN	与非常闭触点指令	用于单个常闭触点的串联
O	或常开触点指令	用于单个常开触点的并联
ON	或非常闭触点指令	用于单个常闭触点的并联
NOT	触点取非指令	输出反相，在梯形图中用来改变能流的状态
=	输出指令	与线圈相对应，输出逻辑行的运算结果
OLD	串联电路块的并联连接指令	用于串联电路块的并联连接
ALD	并联电路块的串联连接指令	用于并联电路块的串联连接
S	置位指令	置继电器状态为接通，使操作置 1
R	复位指令	置继电器状态为断开，使操作置 0
NOP	空操作指令	该步序为空操作，在改动或追加程序时可以减少步序号的改变
END	程序结束指令 END	END 以后的程序就不再执行，直接进行输出处理

3. 功能块图（FBD）

功能块图（FBD）是一种图形化的编程语言，类似于数字逻辑电路图，如图 2-2-10 所示。它沿用了半导体逻辑电路的逻辑框图的表达方式，一般用一种功能方框表示一种特定的功能，框图内的符号表达了该功能块图的功能。它将系统的各个部分（如输入、输出、控制器等）绘制成图形，以便更好地表达控制逻辑。

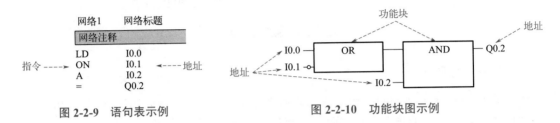

图 2-2-9　语句表示例　　　　图 2-2-10　功能块图示例

功能块图通常有若干个输入端和若干个输出端，输入端是功能块图的条件，输出端是功能块图的运算结果。功能块图没有梯形图中的触点和线圈，也没有左右母线，程序逻辑由功能框之间的连接决定，"能流"自左向右流动，一个功能框的输出端连接到另一个功能框的允许输入端。功能块图适用于复杂的控制任务和模块化设计，功能块图和梯形图可以互相转换。

任务实施

STEP7-Micro/WIN V4.0 是一款由西门子公司开发用于 S7-200 系列 PLC 的编程软件，软件兼容性强。它可以支持各版本 Windows 系统，支持中文操作界面，使用户可以轻松地创建、编辑和测试 PLC 程序。

第一步：STEP7-Micro/WIN V4.0 编程软件安装

1. STEP7-Micro/WIN V4.0 编程软件的安装和中文界面设置

双击编程软件中的安装程序 SETUP.EXE，根据安装提示，编程语言选择 English，完成安装。启动 STEP7-Micro/WIN V4.0，安装完成自动选择为英文版，要将其设置为中文界面，需进行以下操作：单击菜单 Tools，选项 Options，在弹出的 Options 中选择 General，在右边的 General 标签下的语言选择 Language 窗口下选择 Chinese，单击 OK，编程软件自动关闭，重新启动软件，窗口显示为中文界面。

2. STEP7-Micro/WIN V4.0 编程软件主界面

STEP7-Micro/WIN V4.0 编程软件操作界面，如图 2-2-11 所示。

（1）菜单栏　包括8个主菜单项，文件、编辑、查看、PLC、调试、工具、窗口和帮助，菜单栏允许用户使用鼠标或键盘进行操作。

（2）快捷工具栏　用户可以将最常用的操作以按钮的形式设定到主窗口，可以根据需要和习惯定制工具栏的内容和外观。操作方法如下：单击"查看"→"工具栏"→选中的工具组将出现在"快捷工具栏"中。其中，标准工具栏如图 2-2-12 所示，调试工具栏如图 2-2-13 所示，LAD 指令工具栏如图 2-2-14 所示。

项目二 电动机 PLC 控制

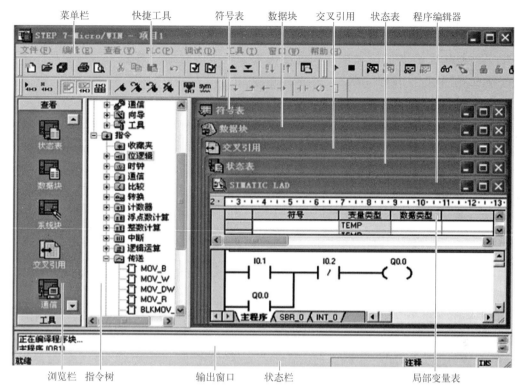

图 2-2-11 STEP7-Micro/WIN V4.0 编程软件操作界面

图 2-2-12 标准工具栏

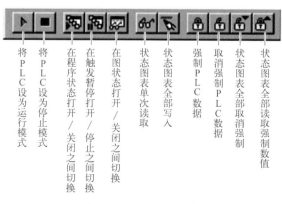

图 2-2-13 调试工具栏

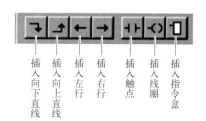

图 2-2-14 LAD 指令工具栏

(3) 浏览栏　提供快速切换用户窗口的控制按钮，包括"查看"和"工具"两部分，每一部分又包括若干按钮，单击任意按钮，可打开此按钮对应的窗口。

(4) 指令树　包括项目和指令两部分内容，提供所有项目对象和为当前程序编辑器（LAD、STL 或 FBD）提供的所有指令的树型视图。

(5) 数据块　允许用户显示和编辑数据块内容。

(6) 交叉引用　允许用户检视程序的交叉参考和程序引用信息。

(7) 状态表　允许用户将程序输入、输出或变量置入图表中，以便追踪其状态。用户可以建立多个状态表，以便从程序的不同部分检视组件，每个状态表在状态表窗口中有自己的标签。

(8) 状态栏　用来提供执行 STEP7-Micro/WIN 的状态信息，显示当前操作的信息。

(9) 输出窗口　用来显示程序编译的结果信息。当输出窗口列出程序错误时，可双击错误信息，会在程序编辑器窗口中显示对应的错误位置。

(10) 程序编辑器　可以用梯形图、语句表或功能块图程序编辑器编写和修改用户程序，编程工作主要在程序编辑窗口中完成。

(11) 局部变量表　每个程序块都对应一个局部变量表，在带参数的子程序调用中，参数的传递就通过局部变量表进行。

第二步：建立项目

1. 打开已有的项目文件

用菜单命令"文件"→"打开"，在"文件"菜单底部列出最近工作过的项目名称，选择文件名，直接选择打开。

2. 创建新项目

用菜单命令"文件"→单击"新建"，会自动生成一个命名为"项目1"的空项目。

3. 程序编译

在程序编写完成之后，单击编译按钮，来进行程序的编译，主要是检测所编写的程序是否存在错误。

第三步：建立 S7-200 PLC 与计算机的在线连接

（1）连接 S7-200 PLC 与计算机的通信电缆　S7-200 编程通信有多种方式，常采用 PC/PPI 电缆建立 PC 与 PLC 之间的通信连接，该电缆具有特殊的连接头，一端连接到 PLC 的 PPI 接口，另一端连接到计算机的串口或 USB 接口。

（2）建立与 S7-200 CPU 的在线联系

① 在 STEP7-Micro/WIN4.0 运行时单击"通信"图标。

② 双击对话框中的"双击刷新"图标，如图 2-2-15 所示。STEP7-Micro/WIN4.0 编程软件将检查所连接的所有 S7-200 CPU 站。

③ 双击要进行通信的站，在通信建立对话框中，可以显示所选的通信参数。有 5 种波特率可以选择，1.2k、2.4k、9.6k、19.2k、38.4k，系统的默认值为 9.6kbit/s。

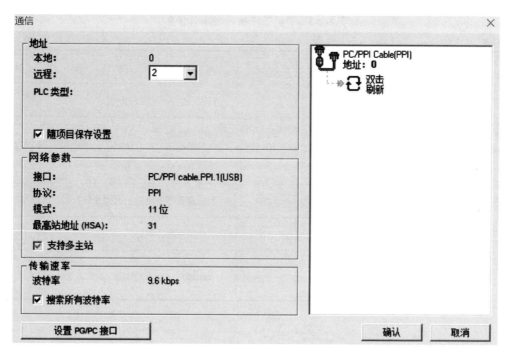

图 2-2-15　通信操作界面

第四步：下载和上传

1. 下载

程序的下载是将 PC 中编写好的程序传送给 PLC。下载之前，PLC 必须位于"STOP"停止的工作模式，程序下载时 PLC 会自动切换到"STOP"停止模式，下载结束后又会自动切换到"RUN"运行模式，可按模式切换时出现的提示对话框操作。

下载操作：单击工具条中的"下载"按钮，或选择菜单命令"文件"→单击"下载"。

2. 上传

程序的上传是将 PLC 中的程序传送给 PC。在上传程序时，需要新建一个空项目文件，以便放置上传内容，如果项目文件有内容，将会被上传内容覆盖。

上传操作：单击工具条中的"上传"按钮，或选择菜单命令"文件"→单击"上传"。

第五步：在线监控程序状态

CPU 进入运行状态后，如果想观察程序执行情况，可以单击工具栏中的"程序状态监控"图标按钮，或者在"命令"菜单中选择"调试 / 开始程序状态监控"来监控程序。在梯形图语言环境中，蓝色的触点和线圈表示接通，灰色的触点和线圈表示断开；蓝色的实线表示能流导通，灰色的实线表示能流中断。

任务评价

参照表 2-2-5，学生按要求完成任务内容，教师参照评分标准进行打分评价。

表 2-2-5　项目二任务一 任务评价单

班级：　　　　　　　　　　学号：　　　　　　　　　　　　　　姓名：

任务内容	配分	评分标准	得分
STEP7-Micro/WIN V4.0 编程软件安装	20	安装不成功一次扣 10 分	
创建一个新项目	30	创建不成功一次扣 10 分	
建立 S7-200 PLC 与计算机的在线连接	20	连接不成功一次扣 10 分	
下载和上传程序	20	下载或上传不成功一次扣 5 分	
在线监控程序状态	10	不成功一次扣 5 分	
教师签字		总得分	

任务二　电动机单向运行 PLC 控制

◇ **知识目标**

1. 掌握 S7-200 PLC 的基本位逻辑操作指令的功能。
2. 掌握用移植法设计电动机"启—保—停"自锁控制电路的梯形图编程方法。
3. 熟悉 STEP7-Micro/WIN V4.0 SP9 编程软件编写梯形图程序的步骤。

◇ **能力目标**

1. 能独立完成电动机单向运行 PLC 控制系统的硬件设计和安装。
2. 能熟练使用 STEP7-Micro/WIN V4.0 SP9 编程软件。
3. 能正确使用触点、线圈、置位和复位等基本位逻辑操作指令编写梯形图程序。

◇ **素质目标**

1. 培养工程意识和严谨细致的工作态度。
2. 培养锐意进取和精益求精的工匠精神。

相关知识

PLC 中的编程元件可看成和实际继电器类似的元件，又称软元件，具有线圈、常开与常闭触点，线圈的得电触点动作，失电触点复位。再用母线代替电源线，用能流的概念代替电流概念，采用绘制继电器-接触器电路图类似的思路绘制出梯形图，但是又与继电器-接触器控制系统有区别。

一、梯形图编程的基本规则

1. 在梯形图中，一个网络只能有一个独立电路

网络是 S7-200 PLC 编程软件中的一个特殊标记，一个梯形图程序就是由若干个网络组成的，程序不分段，则编译有误。网络由触点、线圈和功能框组成，每个网络就是完成一定功能的最小的独立的逻辑块，如图 2-2-16 所示。

(a) 错误梯形图　　(b) 正确梯形图

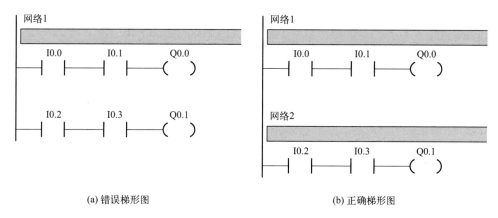

图 2-2-16　一个网络只能有一个独立电路

2. 在一个梯级中，左、右母线之间是一个完整的电路

从左母线开始，经过各种触点的串并联，终止于线圈或功能框（右母线省略），从而构成一个梯级，如图 2-2-17 所示。“能流”只能从左到右流动，不允许“短路”“开路”，也不允许“能流”反向流动。

(a) 错误梯形图　　(b) 正确梯形图

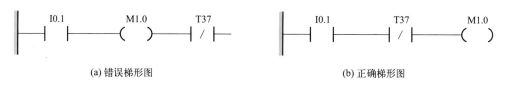

图 2-2-17　线圈与触点的位置

3. 梯形图中的线圈、定时器、计数器和功能指令框，一般不能直接连接在左母线上

如果必须直接连接时，可通过特殊的中间继电器 SM0.0（常 ON）的触点来完成，如图 2-2-18 所示。

(a) 错误梯形图　　(b) 正确梯形图

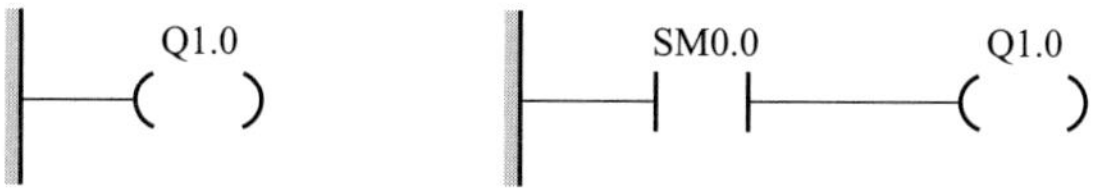

图 2-2-18　SM0.0 常开触点的应用

4. 在同一程序中，不允许双线圈输出

即同一地址编号的线圈只能出现一次，通常不能重复使用，但是它的触点可以无限次地重复使用，如图 2-2-19 所示。

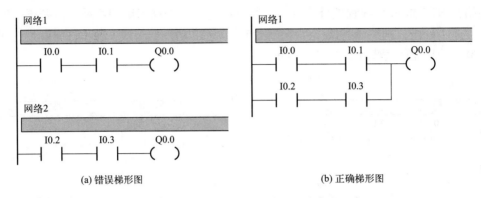

图 2-2-19　同一地址编号的线圈只能出现一次

5. 不允许线圈串联

梯形图中的触点可以任意串联或并联，但是线圈只能并联，不能串联，如图 2-2-20 所示。

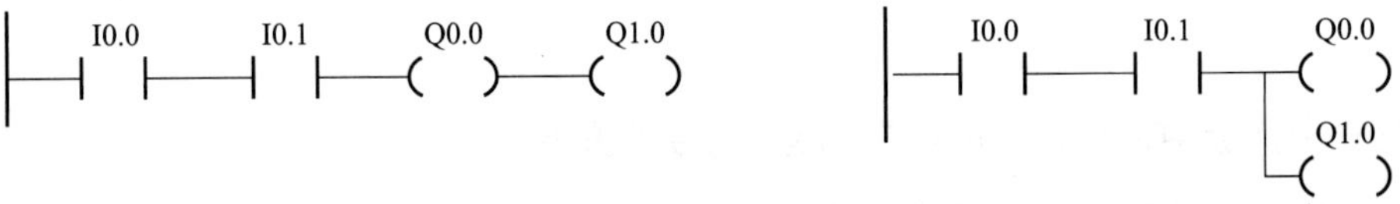

图 2-2-20　线圈不能串联只能并联

6. 梯形图必须遵循"从左到右、从上到下"的顺序编写

不允许在两行之间垂直连接触点，桥式电路必须经过修改后才能画出梯形图，如图 2-2-21 所示。

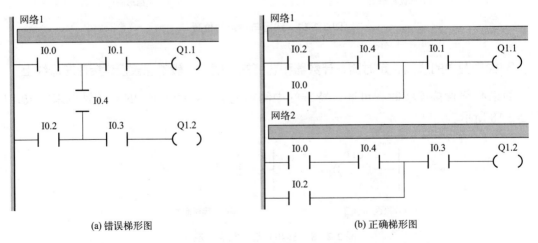

图 2-2-21　桥式梯形图示例

7. 适当安排软件的顺序

应尽量做到"上重下轻，左重右轻"，以减少程序的步数，缩短程序扫描时间。几个串联支路相并联，应将串联多的触点组尽量安排在最上面，如图 2-2-22 所示；几个并联回路相串联，应将并联回路多的触点组尽量安排在最左边，如图 2-2-23 所示。

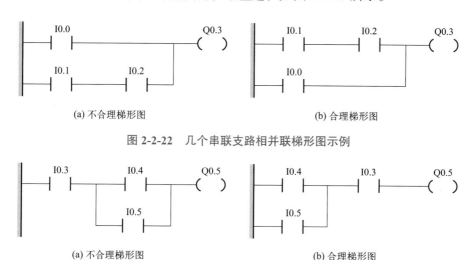

图 2-2-22　几个串联支路相并联梯形图示例

图 2-2-23　几个并联回路相串联梯形图示例

二、常用的梯形图设计方法

1. 移植设计法

移植设计法是用继电器-接触器控制电路图移植的方法来设计梯形图程序的，将原来由继电器-接触器硬件完成的逻辑控制功能，由 PLC 的梯形图程序替代完成。用移植设计法来设计梯形图是一条捷径，继电器-接触器控制系统电路图与 PLC 梯形图在表示方法和分析方法上有很多相似之处，因此可以将继电器-接触器电路图"翻译"成梯形图，即用 PLC 的外部硬件接线和梯形图程序来实现继电器-接触器控制系统的功能。

2. 经验设计法

经验设计方法需要设计者掌握大量的典型电路，在掌握这些典型电路的基础上，充分理解实际的控制问题，将实际控制问题分解成典型控制电路，然后在一些典型电路的基础上，根据被控对象对控制系统的具体要求，进行修改和完善，得到符合控制要求的梯形图。有时需要增加一些中间编程元件和触点，反复地调试和修改梯形图，最后才能得到一个较为满意的结果。

3. 顺控设计法

如果经验设计法和移植设计法都派不上用场，而控制系统的加工工艺要求又有一定的顺序性，这时可采用顺序控制设计法，简称顺控设计法，或顺控法。它可按照生产工艺预先规定的顺序，在各个输入信号的作用下，根据内部状态和时间的顺序，使生产过程中各个执行机构自动地、有秩序地进行操作。

任务实施

三相异步电动机是 PLC 控制系统中应用最为广泛的控制对象,本任务以电动机单向运行控制为载体,运用移植设计法,使用 S7-200 PLC 梯形图的基本逻辑指令来实现电动机的点动、长动和混动三个典型单向运行控制项目,学习电动机 PLC 控制系统的设计、接线、编程与调试的基本步骤。需要注意的是,编程的目的是实现系统控制要求,不同的工程师编写程序的思路是不同的,所以实现同一控制功能的 PLC 程序不是唯一的。

一、电动机点动运行 PLC 控制

第一步:PLC 的 I/O 接口分配

I/O 接口分配的重要性无须多言,理论上用户可以任意分配 PLC 的 I/O 接口,但在实际使用中,I/O 分配要有规律性,便于理解和记忆。

根据电动机点动运行控制要求,进行 PLC 的 I/O 接口分配,见表 2-2-6。

表 2-2-6 电动机点动运行 PLC 的 I/O 接口分配表

输入			输出		
输入接口(I)	输入元件	功能说明	输出接口(Q)	输出元件	功能说明
I1.1	按钮 SB	点动控制	Q0.1	接触器 KM 线圈	电动机运行控制

第二步:PLC 外部电路接线设计

电动机点动运行 PLC 控制系统,主电路同继电器-接触器控制系统主电路,控制电路由 PLC 来替代,根据控制要求及 I/O 分配表,可绘制出 PLC 的硬件接线图,如图 2-2-24 所示。如无特殊说明,本书均采用 S7-200 CPU224XP CN AC/DC/RLY 型 PLC(AC 指电源为交流 220V;DC 指输入电压为直流 24V;RLY 指输出为继电器输出型),交流接触器 KM 的额定电压为 220V,以适应 PLC 的输出端子电压的需要。

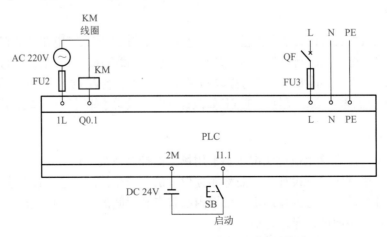

图 2-2-24 电动机点动运行控制 PLC 硬件接线图

第三步：PLC 梯形图程序设计

对照电动机继电器-接触器点动控制系统，用移植设计法来进行 PLC 梯形图的设计，根据电动机点动运行控制逻辑要求和 I/O 接口表，编写出"启—停"控制梯形图程序，如图 2-2-25 所示。

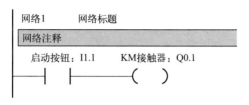

图 2-2-25 电动机点动运行控制梯形图

第四步：运行和调试程序

电动机点动运行控制程序在线监控状态，如图 2-2-26 所示。

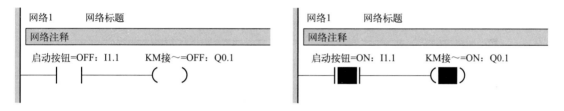

(a) 未操作时程序在线监控状态   (b) 按下SB时程序在线监控状态

图 2-2-26 电动机点动运行控制程序在线监控状态

二、电动机长动运行 PLC 控制

第一步：PLC 的 I/O 接口分配

根据电动机长动运行控制要求，进行 PLC 的 I/O 接口分配，见表 2-2-7。

表 2-2-7 电动机长动运行 PLC 的 I/O 接口分配

输入			输出		
输入接口（I）	输入元件	功能说明	输出接口（Q）	输出元件	功能说明
I1.0	热继电器 FR	过载保护	Q0.1	接触器 KM 线圈	电动机运行控制
I1.1	按钮 SB1	停止控制			
I1.2	按钮 SB2	启动控制			

第二步：PLC 外部电路接线设计

电动机长动运行 PLC 控制系统，主电路同继电器-接触器控制系统主电路，控制电路由 PLC 来替代，根据控制要求及 I/O 分配表，可绘制出 PLC 的硬件接线图，如图 2-2-27 所示。

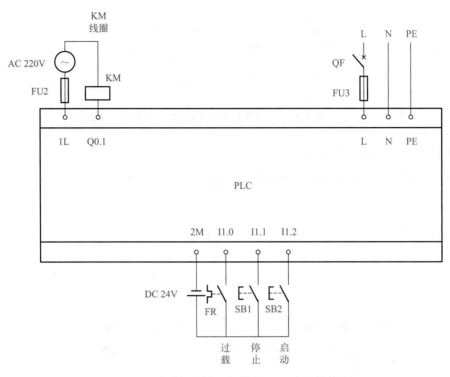

图 2-2-27 电动机长动运行控制 PLC 硬件接线图

第三步：PLC 梯形图程序设计

根据电动机长动控制逻辑要求和 I/O 接口表，编写出"启—保—停"控制梯形图程序，如图 2-2-28 所示。

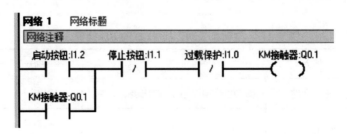

图 2-2-28 电动机长动运行控制梯形图

第四步：运行和调试程序

电动机长动运行控制程序在线监控状态，如图 2-2-29 所示。

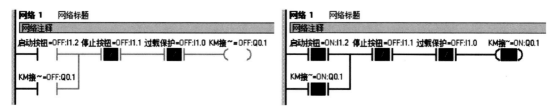

(a) 未操作时程序在线监控状态　　　　　　(b) 按下启动按钮SB2时程序在线监控状态

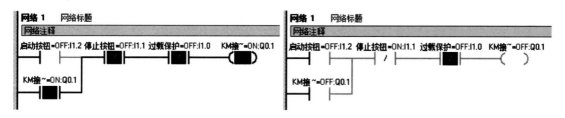

(c) 松开启动按钮SB2时程序在线监控状态　　(d) 按下停止按钮SB1时程序在线监控状态

图 2-2-29　电动机长动运行控制 PLC 程序在线监控状态

三、电动机混动运行 PLC 控制

第一步：PLC 的 I/O 接口分配

根据电动机混动运行控制要求，进行 PLC 的 I/O 接口分配，见表 2-2-8。

表 2-2-8　电动机混动运行 PLC 的 I/O 接口分配

输入			输出		
输入接口（I）	输入元件	功能说明	输出接口（Q）	输出元件	功能说明
I1.0	热继电器 FR	过载保护	Q0.1	接触器 KM 线圈	电动机运行控制
I1.1	按钮 SB1	停止控制			
I1.2	按钮 SB2	长动控制			
I1.3	按钮 SB3	点动控制			

第二步：PLC 外部电路接线设计

电动机混动运行 PLC 控制系统，主电路同继电器 - 接触器控制系统主电路，控制电路由 PLC 来替代，根据控制要求及 I/O 分配表，可绘制出 PLC 的硬件接线图，如图 2-2-30 所示。

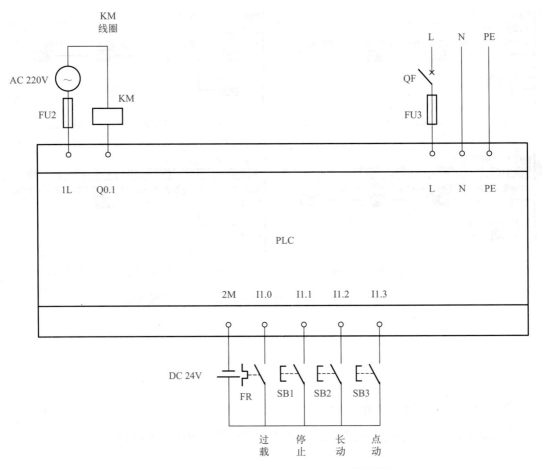

图 2-2-30 电动机混动运行控制 PLC 硬件接线图

第三步：PLC 梯形图程序设计

根据电动机混动控制逻辑要求和 I/O 接口表，编写出由"启—停"与"启—保—停"控制组合而成的梯形图程序，如图 2-2-31 所示。

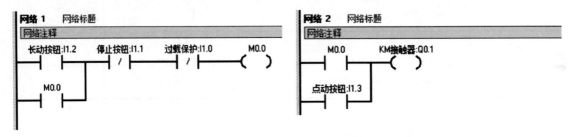

图 2-2-31 电动机混动运行控制程序

第四步：运行和调试程序

电动机混动运行控制程序在线监控状态，如图 2-2-32 所示。

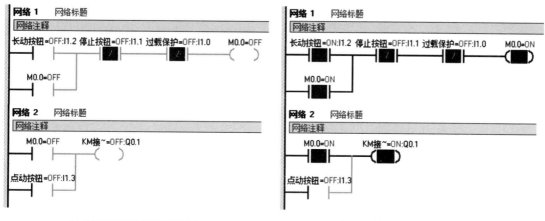

(a) 未操作时程序在线监控状态　　　　(b) 按下长动按钮SB2时程序在线监控状态

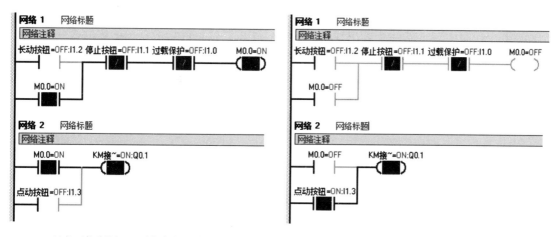

(c) 松开长动按钮SB2时程序在线监控状态　　　　(b) 按下点动按钮SB3时程序在线监控状态

图 2-2-32　电动机混动运行控制 PLC 程序在线监控状态

四、S 置位和 R 复位指令

第一步：了解 S 置位指令

S 为置位指令，置位是对一个位写 1（有输出），即使外部置位条件没有了，置位线圈仍然保持置位。置位条件成立时，从指定的位置开始的 N 个点的寄存器都被置位（置 1），N=1～255。梯形图 S 置位指令说明，如图 2-2-33 所示。

图 2-2-33　梯形图 S 置位指令说明

第二步：了解 R 复位指令

R 为复位指令，复位就是写 0（没有输出），即使外部复位条件没有了，复位线圈仍然保持复位。复位条件成立时，从指定的位置开始的 N 个点的寄存器都被复位（置 0），N=1～255。如果被指定复位的是定时器位或计数器位，将清除定时器或计数器的当前值。梯形图 R 复位指令说明，如图 2-2-34 所示。

图 2-2-34　梯形图 R 复位指令说明

第三步：确定 S 置位和 R 复位指令的优先级

如果在程序中对于同一个输出线圈，S 置位与 R 复位条件均成立，R 复位指令在前面，S 置位指令在后面，这是 S 置位优先，如图 2-2-35（a）所示；S 置位指令在前面，R 复位指令在后面，这是 R 复位优先，如图 2-2-35（b）所示。即同一个输出线圈 S 置位与 R 复位条件均成立，在后面的指令起决定性的作用。

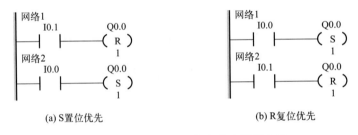

图 2-2-35　S 置位和 R 复位指令的优先级

第四步：用 S 置位和 R 复位指令编写电动机长动控制梯形图程序

用 S 置位和 R 复位指令编写的电动机长动控制梯形图程序，如图 2-2-36 所示。

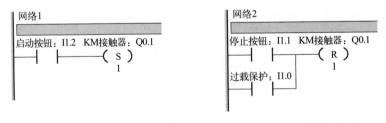

图 2-2-36　用 S 置位和 R 复位指令编写的电动机长动控制梯形图程序

第五步：运行和调试程序

请自行完成。

任务评价

参照表 2-2-9，学生按要求完成任务内容，教师参照评分标准进行打分评价。

表 2-2-9 项目二任务二 任务评价单

班级：　　　　　　　　　学号：　　　　　　　　　姓名：

任务内容	配分	评分标准	得分
电动机点动 PLC 控制 I/O 接口分配	5	遗漏一个扣 2 分	
电动机点动 PLC 外部电路接线设计	10	弄错或遗漏一个扣 5 分	
电动机点动 PLC 梯形图程序设计	10	不成功一次扣 5 分	
电动机长动 PLC 控制 I/O 接口分配	5	遗漏一个扣 2 分	
电动机长动 PLC 外部电路接线设计	20	弄错或遗漏一个扣 5 分	
电动机长动 PLC 梯形图程序设计	10	不成功一次扣 5 分	
电动机混动 PLC 控制 I/O 接口分配	10	遗漏一个扣 2 分	
电动机混动 PLC 外部电路接线设计	20	弄错或遗漏一个扣 5 分	
电动机混动 PLC 梯形图程序设计	10	不成功一次扣 5 分	
教师签字		总得分	

任务三　电动机正反转运行 PLC 控制

◇ **知识目标**
　1. 掌握梯形图互锁控制的实现方法及应用场景。
　2. 掌握用移植法设计电动机正反转控制电路的梯形图编程方法。

◇ **能力目标**
　1. 能独立完成电动机正反转 PLC 控制系统的硬件设计和安装。
　2. 能够熟练使用 PLC 基本位逻辑指令编写正反转梯形图程序。

◇ **素质目标**
　1. 培养友善互助和安全生产的职业素养。
　2. 培养科学思维和求真务实的工作作风。

 **相关知识**

在电动机正反转继电器-接触器控制系统中，为了防止短路事故，控制电路中必须得有互锁，电气互锁只能实现"正—停—反"控制，双重互锁可实现"正—反—停"控制。

本节学习用 S7-200 PLC 梯形图程序的方式来实现电动机典型的两个正反转运行电路，利用两个软输出继电器（Q）的常闭触点来实现"电气互锁"，利用两个软输入继电器（I）的常闭触点来实现"机械互锁"。

注意：虽然在梯形图中已经有了软继电器的互锁触点，但在 PLC 外部硬件 I/O 接线的输出电路中还必须使用接触器 KM1 和 KM2 的常闭触点进行硬件互锁。这是因为 PLC 软继电器互锁只相差一个扫描周期，而外部硬件接触器触点的断开时间往往大于一个扫描周期，来不及响应，且触点的断开时间一般较闭合时间长，因此在没有外部硬件互锁的情况下，会引起主电路短路。

任务实施

PLC 控制电动机正反转

一、电动机电气互锁正反转运行 PLC 控制

第一步：PLC 的 I/O 接口分配

根据电动机电气互锁正反转运行控制要求，进行 PLC 的 I/O 接口分配，见表 2-2-10。

表 2-2-10　电动机电气互锁正反转运行 PLC 的 I/O 接口分配

输入			输出		
输入接口（I）	输入元件	功能说明	输出接口（Q）	输出元件	功能说明
I1.0	热继电器 FR	过载保护	Q0.1	接触器 KM1 线圈	电动机正转运行
I1.1	按钮 SB1	停止控制	Q0.2	接触器 KM2 线圈	电动机反转运行
I1.2	按钮 SB2	正转控制			
I1.3	按钮 SB3	反转控制			

第二步：PLC 外部电路接线设计

电动机电气互锁正反转运行 PLC 控制系统，主电路同继电器-接触器控制系统主电路，控制电路由 PLC 来替代，根据控制要求及 I/O 分配表，可绘制出 PLC 的硬件接线图，如图 2-2-37 所示。

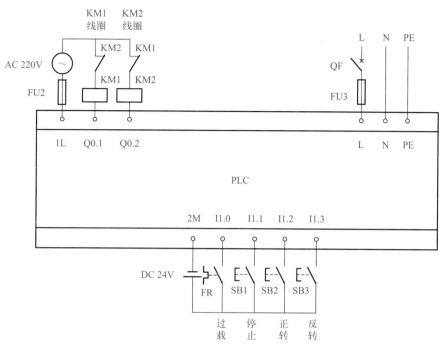

图 2-2-37　电动机电气互锁正反转运行控制 PLC 硬件接线图

第三步：PLC 梯形图程序设计

根据电动机电气互锁正反转运行控制逻辑要求和 I/O 接口表，在正反两个"启—保—停"控制梯形图基础上，加入正反两个输出继电器（Q）的常闭触点，编写出"正—停—反"控制梯形图程序，如图 2-2-38 所示。

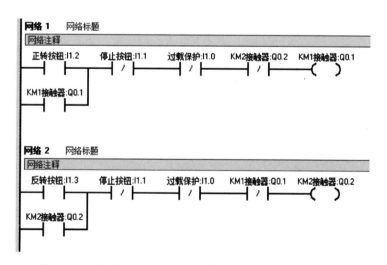

图 2-2-38　电动机电气互锁正反转运行 PLC 控制梯形图程序

第四步：运行和调试程序

电动机电气互锁正反转控制程序在线监控状态，如图 2-2-39 所示。

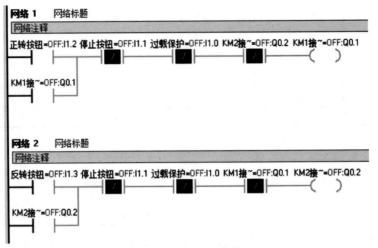

(a) 未操作时程序在线监控状态

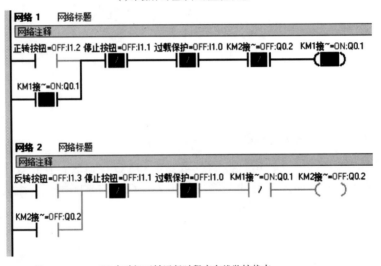

(b) 电动机正转运行时程序在线监控状态

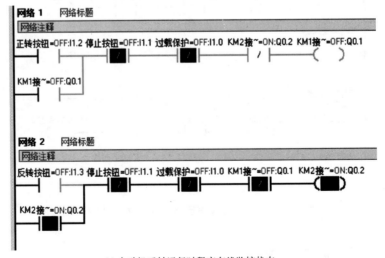

(c) 电动机反转运行时程序在线监控状态

图 2-2-39 电动机电气互锁正反转运行 PLC 控制程序在线监控状态

二、电动机双重互锁正反转运行 PLC 控制

第一步：PLC 的 I/O 接口分配
与电动机电气互锁正反转运行 PLC 的 I/O 接口分配一致。

第二步：PLC 外部电路接线设计
与电动机电气互锁正反转运行 PLC 的外部电路接线一致。

第三步：PLC 梯形图程序设计
电动机双重互锁正反转运行 PLC 梯形图程序，是在"正—停—反"控制梯形图程序基础上，加入正反转双方输入继电器（I）的常闭触点，编写出"正—反—停"控制梯形图程序，如图 2-2-40 所示。

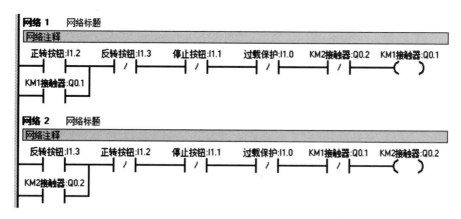

图 2-2-40　电动机双重互锁正反转运行 PLC 控制梯形图程序

第四步：运行和调试程序
电动机双重互锁正反转运行控制程序在线监控状态，如图 2-2-41 所示。

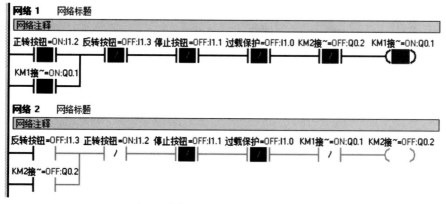

(a) 按下正转启动按钮SB2时程序在线监控状态

图 2-2-41

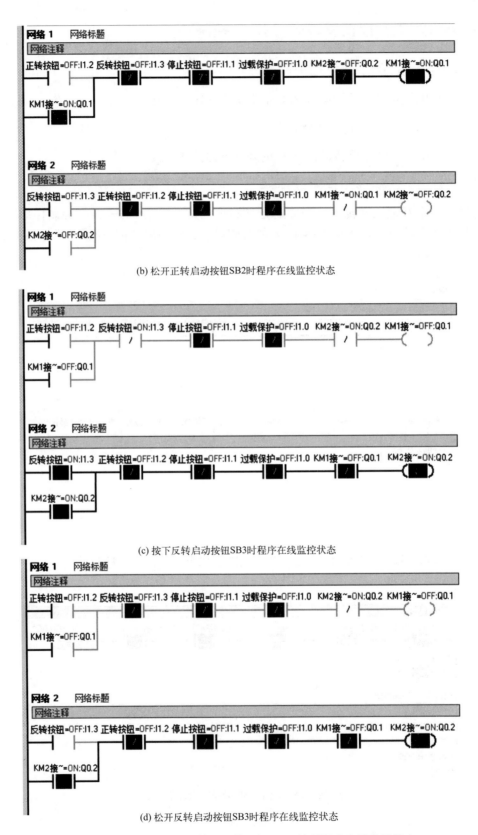

(b) 松开正转启动按钮SB2时程序在线监控状态

(c) 按下反转启动按钮SB3时程序在线监控状态

(d) 松开反转启动按钮SB3时程序在线监控状态

图 2-2-41　电动机双重互锁正反转运行 PLC 控制程序在线监控状态

任务评价

参照表 2-2-11，学生按要求完成任务内容，教师参照评分标准进行打分评价。

表 2-2-11　项目二任务三 任务评价单

班级：　　　　　　　　　学号：　　　　　　　　　姓名：

任务内容	配分	评分标准	得分
电动机电气互锁正反转 PLC 控制 I/O 接口分配	10	遗漏一个扣 2 分	
电动机电气互锁正反转 PLC 外部电路接线设计	20	弄错或遗漏一个扣 5 分	
电动机电气互锁正反转 PLC 梯形图程序设计	20	不成功一次扣 10 分	
电动机双重互锁正反转 PLC 控制 I/O 接口分配	10	遗漏一个扣 2 分	
电动机双重互锁正反转 PLC 外部电路接线设计	20	弄错或遗漏一个扣 5 分	
电动机双重互锁正反转 PLC 梯形图程序设计	20	不成功一次扣 10 分	
教师签字		总得分	

任务四　电动机星角降压启动 PLC 控制

◇ **知识目标**

1. 掌握 S7-200 PLC 的定时器指令及应用场景。
2. 掌握用移植法设计电动机星角降压启动控制电路的梯形图编程方法。

◇ **能力目标**

1. 能独立完成电动机星角降压启动 PLC 控制系统的硬件设计和安装。
2. 能够正确使用定时器指令编写梯形图程序。

◇ **素质目标**

1. 培养爱岗敬业和诚实守信的品质。
2. 培养安全意识和团队协作意识。

相关知识

一、S7-200 PLC 的定时器指令（T）

S7-200 PLC 定时器指令按定时方式分为三种类型的定时器（T）：接通延时定时器（TON）、有记忆接通延时定时器（TONR）、断开延时定时器（TOF）。

1. 接通延时定时器（TON）

当使能输入端（IN）接通时，定时器开始计时，当定时器的当前值等于或大于设定值（由 PT 事先设置的时间）时，定时器状态位接通（被置为 1），该定时器的常开触点接通、常闭触点断开。

达到设定值后，当前值仍继续计数，直至最大值 32767 才停止计时。只有当使能输入端（IN）断开时，通电延时定时器被复位，清除当前值，定时器状态位断开（被置为 0）。

2. 有记忆接通延时定时器（TONR）

当使能输入端（IN）接通时，定时器开始计时，当前值大于或等于设定值时，定时器状态位接通（被置为 1），该定时器的常开触点接通、常闭触点断开。达到设定值后，当前值仍继续计数，直至最大值 32767 才停止计时。

当使能输入端（IN）断开时，定时器的当前值保持不变，定时器状态位保持不变；当输入端（IN）再次接通时，定时器的当前值从保持值开始继续累计计时，该定时器可用于多个时间间隔的定时。若要将定时器当前值清零，必须执行复位命令。

3. 断开延时定时器（TOF）

当使能输入端（IN）接通时，定时器状态位立即接通（被置 1），当前值被清零；当使能输入端（IN）由接通转为断开时，定时器开始计时，当前值等于设定值时，定时器状态位断开（被置 0），定时器当前值停止计时。

当输入断开的时间小于设定值时，定时器状态位保持接通，下一次输入断开后，定时器从零开始重新计时直到达到设定值。

二、定时器的梯形图符号

定时器的梯形图符号由定时器号、助记符、使能输入端、设定值输入端和分辨率（时基）组成，定时器指令的梯形图（LAD）和语句表（STL）表示形式，见表 2-2-12。

表 2-2-12　定时器指令的表示形式

定时器类型	LAD	STL	功能说明
接通延时定时器	T??? IN　TON ????—PT　???ms	TON T***, PT	用于使能输入端 IN 接通后，单个时间段间隔的定时
有记忆接通延时定时器	T??? IN　TONR ????—PT　???ms	TONR T***, PT	用于使能输入端 IN 接通后，累计多个时间段间隔的定时
断开延时定时器	T??? IN　TOF ????—PT　???ms	TOF T***, PT	用于使能输入端 IN 断开后，单个时间段间隔的定时

三、定时器的编号及分辨率

定时器的分辨率（时基）是单位时间的时间增量，由定时器号决定，定时值＝分辨率（时基）×设定值（PT），使用定时器时，必须给出设定值 PT。S7-200 PLC 定时器的分辨率（时基）有三种：1ms、10ms、100ms。定时器总数有 256 个，定时器号的范围为 T0～T255，定时器号的编号、分辨率（时基）及最大计时时间，见表 2-2-13。

表 2-2-13　定时器的编号及分辨率

定时器类型	分辨率（时基）	最大计时时间	定时器号
TONR	1ms	32.767s	T0、T64
	10ms	327.67s	T1～T4、T65～T68
	100ms	3276.7s	T5～T31、T69～T95
TON TOF	1ms	32.767s	T32、T96
	10ms	327.67s	T33～T36、T97～T100
	100ms	3276.7s	T37～T63、T101～T255

任务实施

一、电动机手动星角（Y-△）降压启动 PLC 控制

PLC 控制电动机 Y-△启动

第一步：PLC 的 I/O 接口分配

根据电动机手动星角（Y-△）降压启动控制要求，进行手动星角（Y-△）降压启动 PLC 的 I/O 接口分配，见表 2-2-14。

表 2-2-14　电动机手动星角（Y-△）降压启动 PLC 的 I/O 接口分配

输入			输出		
输入接口（I）	输入元件	功能说明	输出接口（Q）	输出元件	功能说明
I1.0	热继电器 FR	过载保护	Q0.1	接触器 KM1 线圈	电动机 运行控制
I1.1	按钮 SB1	停止控制	Q0.2	接触器 KM2 线圈	电动机 角形联结
I1.2	按钮 SB2	启动控制	Q0.3	接触器 KM3 线圈	电动机 星形联结
I1.3	按钮 SB3	切换控制			

第二步：PLC 外部电路接线设计

电动机手动星角（Y-△）降压启动 PLC 控制系统，主电路同继电器-接触器控制系统主电路一致，控制电路由 PLC 来替代，根据控制要求及 I/O 分配表，可绘制出 PLC 的硬件接线图，如图 2-2-42 所示。

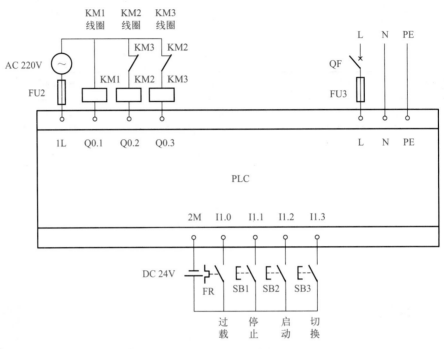

图 2-2-42　电动机手动 Y-△降压启动 PLC 硬件接线图

第三步：PLC 梯形图程序设计

根据电动机手动 Y-△降压启动控制逻辑要求和 I/O 接口表，编写出手动 Y-△控制梯形图程序，如图 2-2-43 所示。

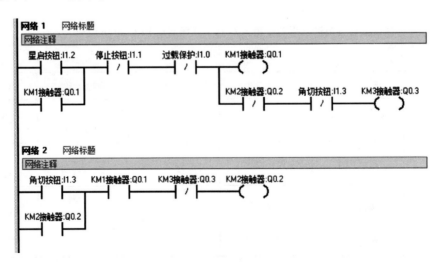

图 2-2-43　电动机手动 Y-△降压启动 PLC 控制梯形图程序

第四步：运行和调试程序

电动机手动 Y-△降压启动控制程序在线监控状态，如图 2-2-44 所示。

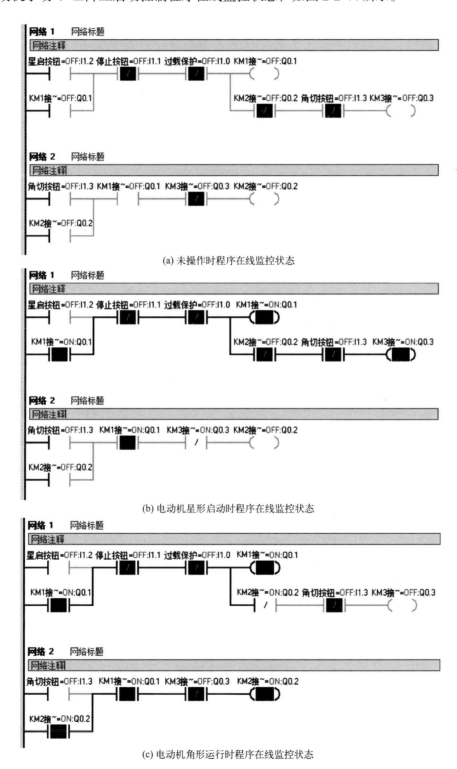

(a) 未操作时程序在线监控状态

(b) 电动机星形启动时程序在线监控状态

(c) 电动机角形运行时程序在线监控状态

图 2-2-44　电动机手动 Y-△降压启动 PLC 控制程序在线监控状态

二、电动机自动 Y-△ 降压启动 PLC 控制

第一步：PLC 的 I/O 接口分配

根据电动机自动星角（Y-△）降压启动控制要求，进行 PLC 的 I/O 接口分配，见表 2-2-15。

表 2-2-15　电动机自动星角（Y-△）降压启动 PLC 的 I/O 接口分配

输入			输出		
输入接口（I）	输入元件	功能说明	输出接口（Q）	输出元件	功能说明
I1.0	热继电器 FR	过载保护	Q0.1	接触器 KM1 线圈	电动机电源控制
I1.1	按钮 SB1	停止控制	Q0.2	接触器 KM2 线圈	电动机角形联结
I1.2	按钮 SB2	启动控制	Q0.3	接触器 KM3 线圈	电动机星形联结

第二步：PLC 外部电路接线设计

电动机自动星角（Y-△）降压启动 PLC 控制系统，主电路同星角（Y-△）降压启动继电器-接触器控制系统主电路，控制电路与手动星角（Y-△）降压启动 PLC 控制相比，少了一个切换按钮 SB3，根据系统控制要求及 I/O 分配表，可绘制出 PLC 的硬件接线图，如图 2-2-45 所示。

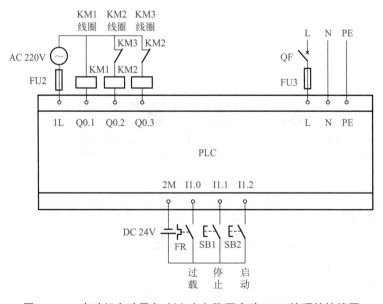

图 2-2-45　电动机自动星角（Y-△）降压启动 PLC 的硬件接线图

第三步：PLC 梯形图程序设计

根据电动机自动 Y-△ 降压启动控制逻辑要求和 I/O 接口表，在手动"Y-△"控制梯形图程序的基础上，加入定时器 T 来实现自动"Y-△"控制。本程序用定时器 T32 来实现星角自动切换，选择定时值为 5s，其分辨率为 1ms，因此其设定值 PT 为 5000。编写出的梯形图程序，如图 2-2-46 所示。

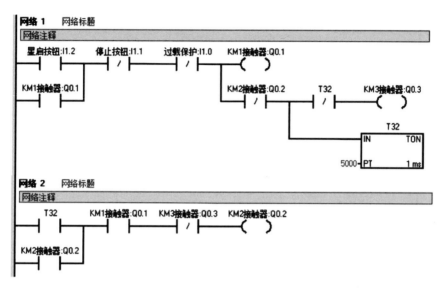

图 2-2-46　电动机自动 Y-△ 降压启动 PLC 控制梯形图程序

第四步：运行和调试程序

电动机自动 Y-△ 降压启动控制程序在线监控状态，如图 2-2-47 所示。

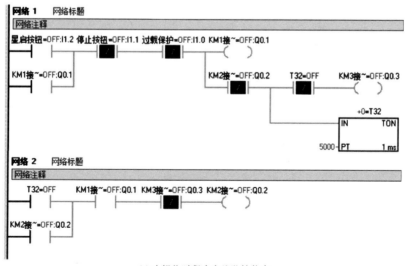

(a) 未操作时程序在线监控状态

图 2-2-47

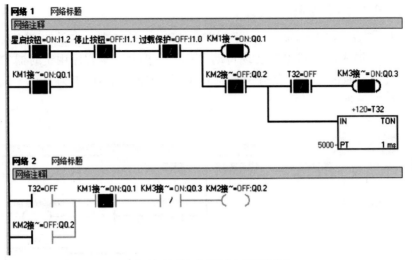

(b) 电动机星形启动时程序在线监控状态

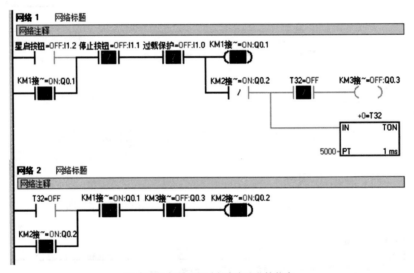

(c) 电动机角形运行时程序在线监控状态

图 2-2-47　电动机自动 Y-△ 降压启动 PLC 控制程序在线监控状态

任务评价

参照表 2-2-16，学生按要求完成任务内容，教师参照评分标准进行打分评价。

表 2-2-16　项目二任务四 任务评价单

班级：　　　　　　　　学号：　　　　　　　　　　　　姓名：

任务内容	配分	评分标准	得分
手动 Y-△ 降压启动 PLC 控制 I/O 接口分配	10	遗漏一个扣 2 分	
手动 Y-△ 降压启动 PLC 外部电路接线设计	20	弄错或遗漏一个扣 5 分	

续表

任务内容	配分	评分标准	得分
手动Y-△降压启动PLC梯形图程序设计	20	不成功一次扣10分	
自动Y-△降压启动PLC控制I/O接口分配	10	遗漏一个扣2分	
自动Y-△降压启动PLC外部电路接线设计	20	弄错或遗漏一个扣5分	
自动Y-△降压启动PLC梯形图程序设计	20	不成功一次扣10分	
教师签字		总得分	

任务五　电动机间歇运行 PLC 控制

◇ **知识目标**

1. 掌握 S7-200 PLC 的计数器指令及应用场景。
2. 掌握用移植法设计电动机间歇运行控制电路的梯形图编程方法。

◇ **能力目标**

1. 能独立完成电动机间歇运行 PLC 控制系统的硬件设计和安装。
2. 能够正确使用计数器指令编写梯形图程序。

◇ **素质目标**

1. 培养严肃谨慎和质量至上的工作态度。
2. 培养自主探究和独立思考的学习能力。

相关知识

西门子 S7-200 PLC 的计数器指令主要用于完成计数功能，可以实现加法和减法计数，这些计数器指令可以与其他逻辑指令结合使用，从而实现更为复杂的控制功能。

一、S7-200 PLC 的计数器指令（C）

计数器（C）指令的功能是对外部或由程序产生的计数脉冲进行计数，累计其计数输入端的计数脉冲由低电平到高电平的次数，并根据计数结果触发逻辑操作或控制输出。S7-200 PLC 计数器有普通计数器和高速计数器两种，普通计数器包括增计数器 CTU、减计数器 CTD 和增/减计数器 CTUD 三种。

1. 增计数器（CTU）

该指令用于正向计数，当使能输入端 CU 接通时，在每一个 CU 计数脉冲的上升沿递增计数，当计数器当前值大于等于设定值 PV 时，该计数器状态位接通（被置为1），对应的触点动作。当复位输入端 R 接通时，计数器状态位断开（被置为 0），当前值被清 0，对应的触点复位。

2. 减计数器（CTD）

该指令用于倒计数，当使能输入端 CD 接通时，在每一个 CD 计数脉冲的上升沿递减计数，当计数器当前值等于 0 时，停止计数，该计数器状态位接通（被置为 1），对应的触点动作。当复位输入 LD 接通时，计数器状态位断开（被置为 0），设定值 PV 装入计数器当前值中，对应的触点复位。

3. 增/减计数器（CTUD）

该指令可以实现正向和逆向计数，可以通过设定计数方向（正向或逆向）和触发信号类型来控制计数器的行为。当使能输入端 CU 接通时，在每一个 CU 计数脉冲的上升沿递增计数；当使能输入端 CD 接通时，在每一个 CD 计数脉冲的上升沿递减计数。当计数器当前值大于等于设定值 PV 时，计数器状态位接通（被置为 1），对应的触点动作。当复位输入 R 接通时，计数器状态位断开（被置为 0），当前值被清零。

S7-200 PLC 共有 256 个计数器，计数器号是 C0～C255，使用时必须指明计数器号，给出设定值 PV。

二、三种计数器的梯形图符号

计数器的梯形图符号由计数器号、助记符、使能输入端、复位输入端和设定值端组成。三种计数器的梯形图和语句表指令表示形式，见表 2-2-17。

表 2-2-17 计数器指令的表示形式

计数器类型	LAD	STL	功能说明
增计数器	C??? CU CTU / R / ???? PV	CTU C***, PV	在每一个 CU 计数脉冲的上升沿递增计数
减计数器	C??? CD CTD / LD / ???? PV	CTD C***, PV	在每一个 CD 计数脉冲的上升沿递减计数
增/减计数器	C??? CU CTUD / CD / R / ???? PV	CTUD C***, PV	既能递增计数，又能递减计数

任务实施

一、电动机间歇运行 PLC 控制

第一步：PLC 的 I/O 接口分配

同长动 PLC 控制电路 I/O 接口分配一致。

第二步：PLC 外部电路接线设计

同长动控制 PLC 外部电路接线一致。

第三步：PLC 梯形图程序设计

根据电动机间歇运行控制逻辑要求和 I/O 接口表，在"启—保—停"控制梯形图程序的基础上，加入两个定时器 T 来实现"间歇"控制，本程序用接通延时定时器 T101 和 T102 来实现间歇自动循环，选择运行和停歇定时值都为 5s，T101 和 T102 分辨率为 100ms，因此其设定值 PT 为 50。编写出的梯形图程序，如图 2-2-48 所示。

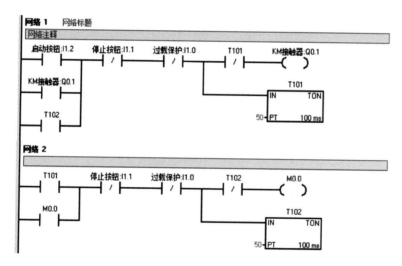

图 2-2-48　电动机间歇运行 PLC 控制梯形图程序

第四步：运行和调试程序

电动机间歇运行控制程序在线监控状态，如图 2-2-49 所示。

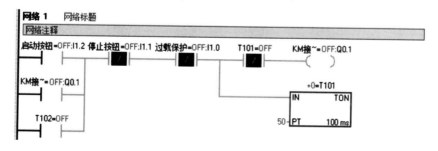

图 2-2-49

(a) 未操作时程序在线监控状态

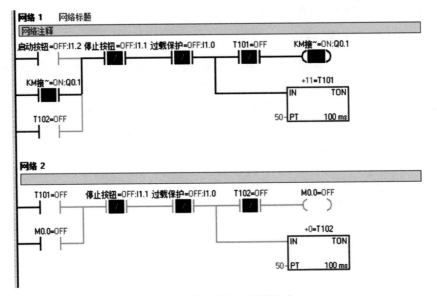

(b) 电动机运行时程序在线监控状态

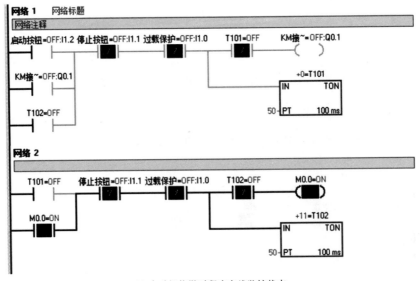

(c) 电动机停歇时程序在线监控状态

图 2-2-49　电动机间歇运行 PLC 控制程序在线监控状态

二、电动机间歇运行 PLC "计数"控制

电动机间歇计数运行 PLC 控制系统的要求,间歇自动循环 5 次时,电动机 M 停止间歇运转。

第一步:PLC 的 I/O 接口分配

同电动机间歇运行控制电路一致。

第二步:PLC 外部电路接线设计

同电动机间歇运行控制电路一致。

第三步:PLC 梯形图程序设计

根据电动机间歇计数运行 PLC 控制逻辑要求和 I/O 接口表,在"间歇"控制梯形图基础上,加入计数器 C 来实现间歇"计数"控制,本程序用接通延时定时器 T101 和 T102 来实现间歇自动循环,选择运行和停歇定时值都为 5s,T101 和 T102 分辨率为 100ms,因此其设定值 PT 为 50,用增计数器 C1 来实现间歇计数控制,其设定值为 5。编写出的梯形图程序,如图 2-2-50 所示。

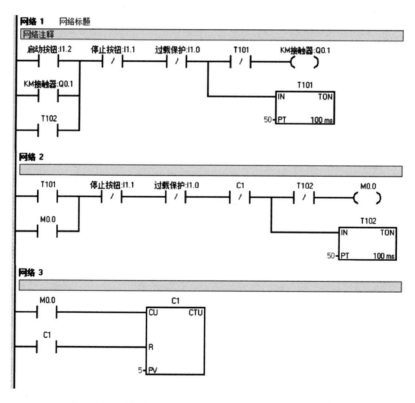

图 2-2-50 电动机间歇计数运行 PLC 控制梯形图程序

第四步:运行和调试程序

电动机间歇计数运行 PLC 控制程序在线监控状态,如图 2-2-51 所示。

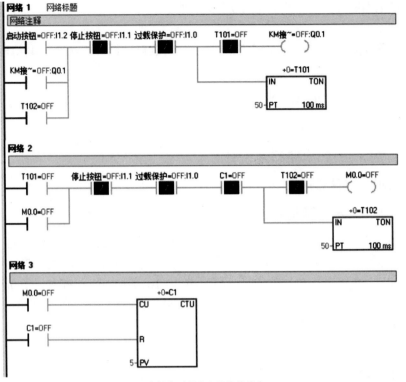

(a) 未操作时程序在线监控状态

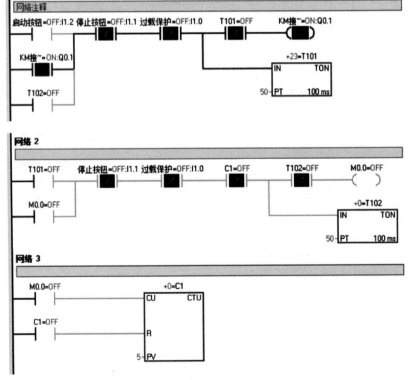

(b) 电动机运行时程序在线监控状态

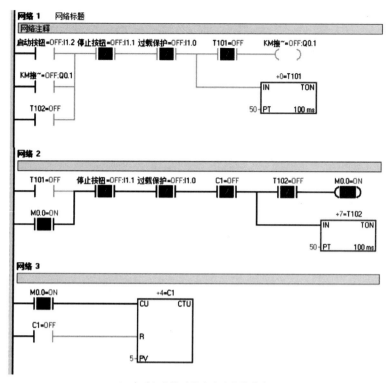

(c) 电动机停歇时程序在线监控状态

图 2-2-51 电动机间歇计数运行 PLC 控制程序在线监控状态

任务评价

参照表 2-2-18，学生按要求完成任务内容，教师参照评分标准进行打分评价。

表 2-2-18 项目二任务五 任务评价单

班级：　　　　　　　　　　　学号：　　　　　　　　　　　　　　姓名：

任务内容	配分	评分标准	得分
电动机间歇运行 PLC 控制 I/O 接口分配	10	遗漏一个扣 2 分	
电动机间歇运行 PLC 外部电路接线设计	20	弄错或遗漏一个扣 5 分	
电动机间歇运行 PLC 梯形图程序设计	20	不成功一次扣 10 分	
电动机间歇计数运行 PLC 控制 I/O 接口分配	10	遗漏一个扣 2 分	
电动机间歇计数运行 PLC 外部电路接线设计	20	弄错或遗漏一个扣 5 分	
电动机间歇计数运行 PLC 梯形图程序设计	20	不成功一次扣 10 分	
教师签字		总得分	

任务六　电动机顺序启动 PLC 控制

◇ **知识目标**
  1. 掌握用 S7-200 PLC 基本逻辑指令实现电动机顺序控制的方法及应用场景。
  2. 掌握用移植法设计电动机顺序启动控制电路的梯形图编程方法。

◇ **能力目标**
  1. 能独立完成电动机顺序启动 PLC 控制系统的硬件设计和安装。
  2. 能够熟练使用 PLC 的基本位逻辑指令编写电动机顺序控制的梯形图程序。

◇ **素质目标**
  1. 培养执着专注和追求卓越的创造精神。
  2. 培养全局观念和集体主义意识。

相关知识

  在实际工程案例中，一个控制系统可以分解成若干个独立的控制动作，且这些动作必须按照一定的先后顺序执行，才能保证生产过程的正常运行，这就需要编程人员能够理清各个控制对象之间的关系以及每个动作的先后顺序。

一、PLC 顺序控制实现方法

  西门子 S7-200 PLC 可以采用三种程序编写方法实现系统的顺序控制要求，包括使用逻辑指令、置位/复位指令、SCR/SCRT/SCRE 指令、定时器指令、计数器指令等，这些方法都可以设计出顺序功能图及其对应的梯形图程序。

二、顺序控制指令

  S7-200 PLC 中的顺序控制继电器指令（SCR）专门用于编制顺序控制程序。顺序控制程序被顺序控制继电器指令划分为若干个 SCR 段，一个 SCR 段对应顺序功能图中的一步。顺序控制继电器指令包括装载指令（LSCR）、结束指令（SCRE）和转换指令（SCRT）。

  （1）装载指令 LSCR　表示一个 SCR 段（即顺序功能图中的步）的开始。指令中的操作数 S_bit 为顺序控制继电器 S（布尔 BOOL 型）的地址（如 S0.0），顺序控制继电器为 ON 状态时，执行对应的 SCR 段中的程序，反之则不执行。

  （2）转换指令 SCRT　表示一个 SCR 段之间的转换，即步活动状态的转换。当有能流流过 SCRT 线圈时，SCRT 指令的后续步变为 ON 状态（活动步），同时当前步变为 OFF 状态（不活动步）。

  （3）结束指令 SCRE　表示 SCR 段的结束。LSCR 指令中指定的顺序控制继电器被放入 SCR 堆栈和逻辑堆栈的栈顶，SCR 堆栈中 S 位的状态决定对应的 SCR 段是否执行。由于逻辑堆栈的栈顶装入了 S 位的值，所以将 SCR 指令直接连接到左母线上。

三、顺序控制继电器指令的梯形图符号

顺序控制继电器指令的梯形图符号及语句表指令，见表 2-2-19。

表 2-2-19 顺序控制继电器指令的梯形图符号及语句表指令

梯形图	语句表	指令功能
S_bit ─┤ SCR ├─	LSCR S_bit	SCR 程序段开始
S_bit ─(SCRT)	SCRT S_bit	SCR 转换
─(SCRE)	SCRE	SCR 程序段结束

任务实施

一、电动机顺序启动 PLC 控制

第一步：PLC 的 I/O 接口分配

根据电动机顺序启动系统控制要求，进行 PLC 的 I/O 接口分配，见表 2-2-20。

表 2-2-20 电动机顺序启动 PLC 的 I/O 接口分配

输入			输出		
输入接口（I）	输入元件	功能说明	输出接口（Q）	输出元件	功能说明
I1.0	热继电器 FR1	M1 过载保护	Q0.1	接触器 KM1 线圈	电动机 M1 运行控制
I1.1	按钮 SB1	M1 停止控制	Q0.2	接触器 KM2 线圈	电动机 M2 运行控制
I1.2	按钮 SB2	M1 启动控制			
I1.3	按钮 SB3	M2 停止控制			
I1.4	按钮 SB4	M2 启动控制			
I1.5	热继电器 FR2	M2 过载保护			

第二步：PLC 外部电路接线设计

电动机顺序启动 PLC 控制系统，主电路同继电器-接触器控制系统主电路，控制电路由 PLC 来替代，根据控制要求及 I/O 分配表，可绘制出 PLC 的硬件接线图，如图 2-2-52 所示。

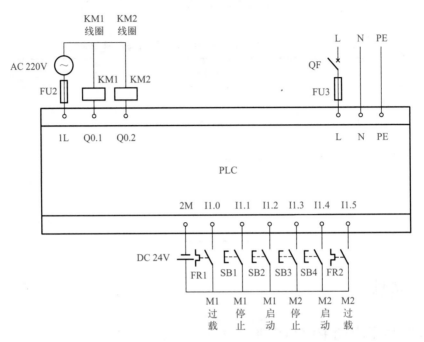

图 2-2-52　电动机顺序启动 PLC 控制的硬件接线图

第三步：PLC 梯形图程序设计

根据电动机顺序启动 PLC 控制逻辑要求和 I/O 接口分配表，编写出梯形图程序，将输出继电器 Q0.1 的常开触点串联在输出继电器 Q0.2 线圈回路中，来实现顺序启动控制，如图 2-2-53 所示。

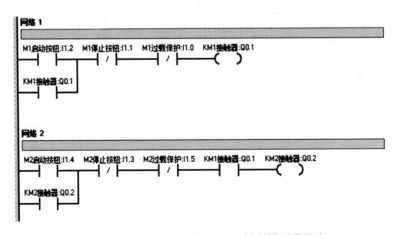

图 2-2-53　电动机顺序启动 PLC 控制梯形图程序

第四步：运行和调试程序

电动机顺序启动 PLC 控制程序在线监控状态，如图 2-2-54 所示。

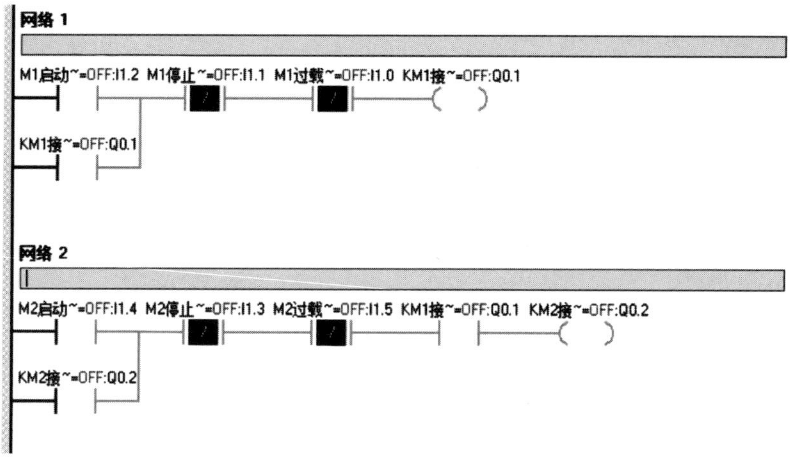

(a) 未操作时程序在线监控状态

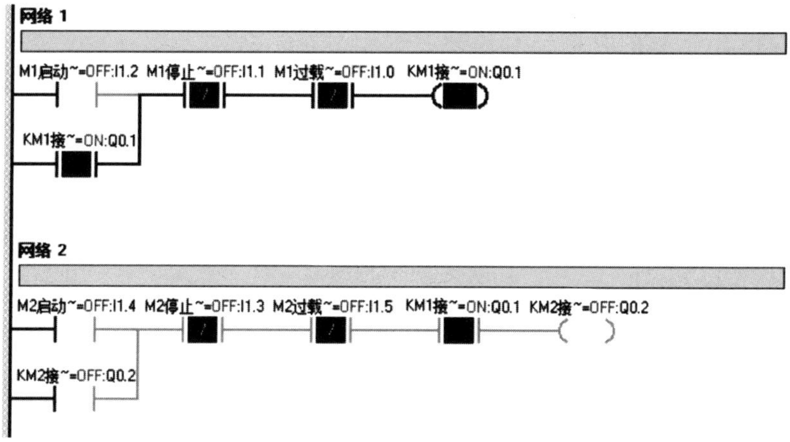

(b) M1运行时程序在线监控状态

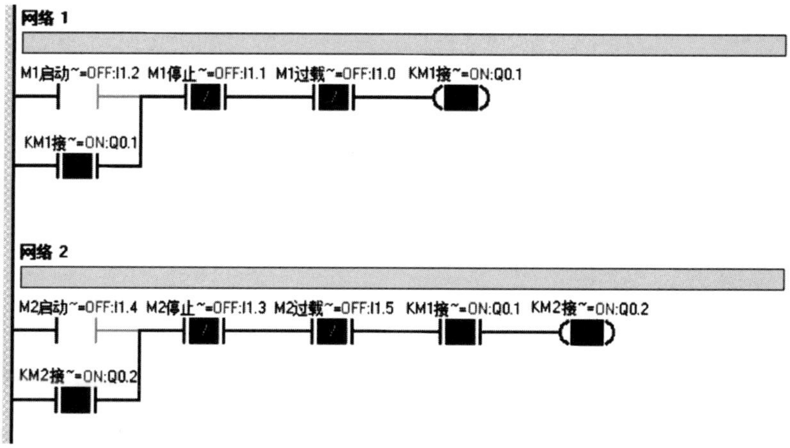

(c) M2运行时程序在线监控状态

图 2-2-54　电动机顺序启动 PLC 控制程序在线监控状态

二、电动机顺序启动顺序停止 PLC 控制

第一步：PLC 的 I/O 接口分配

同电动机顺序启动控制电路一致。

第二步：PLC 外部电路接线设计

同电动机顺序启动控制电路一致。

第三步：PLC 梯形图程序设计

根据电动机顺序启动顺序停止 PLC 控制逻辑要求和 I/O 接口分配表，编写出梯形图程序，将输出继电器 Q0.1 的常开触点串联在输出继电器 Q0.2 线圈回路中，来实现顺序启动控制，将输出继电器 Q0.2 的常开触点与停止按钮 I1.1 的常闭触点并联，来实现顺序停止控制，如图 2-2-55 所示。

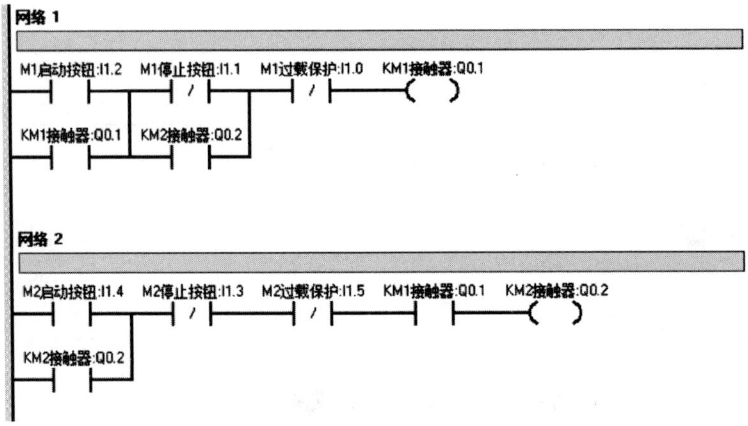

图 2-2-55 电动机顺序启动顺序停止 PLC 控制梯形图程序

第四步：运行和调试程序

电动机顺序启动顺序停止 PLC 控制程序在线监控状态，如图 2-2-56 所示。

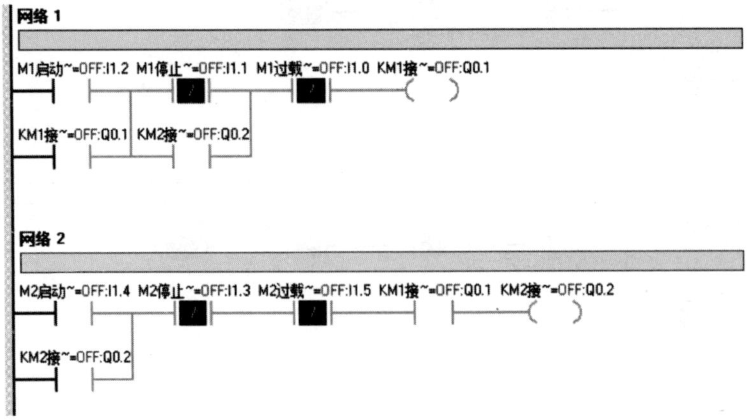

(a) 未运行时程序在线监控状态

项目二 电动机 PLC 控制

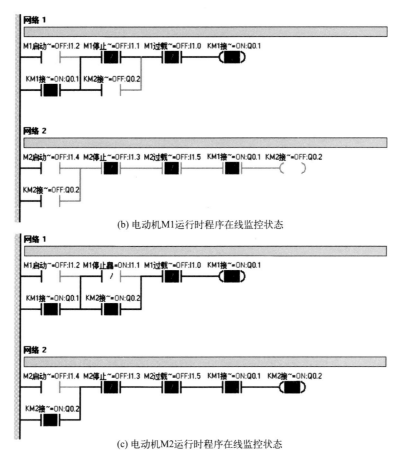

(b) 电动机M1运行时程序在线监控状态

(c) 电动机M2运行时程序在线监控状态

图 2-2-56 电动机顺序启动顺序停止 PLC 控制程序在线监控状态

任务评价

参照表 2-2-21，学生按要求完成任务内容，教师参照评分标准进行打分评价。

表 2-2-21 项目二任务六 任务评价单

班级：　　　　　　　学号：　　　　　　　姓名：

任务内容	配分	评分标准	得分
顺序启动 PLC 控制 I/O 接口分配	10	遗漏一个扣 2 分	
顺序启动 PLC 外部电路接线设计	20	弄错或遗漏一个扣 5 分	
顺序启动 PLC 梯形图程序设计	20	不成功一次扣 10 分	
顺序启动顺序停止 PLC 控制 I/O 接口分配	10	遗漏一个扣 2 分	
顺序启动顺序停止 PLC 外部电路接线设计	20	弄错或遗漏一个扣 5 分	
顺序启动顺序停止 PLC 梯形图程序设计	20	不成功一次扣 10 分	
教师签字		总得分	

项目测试

1. PLC 有哪三种常见的输出类型？各适用于什么负载？
2. 简述 PLC 输入继电器和输出继电器的作用。
3. 说明 S7-200 PLC 内部元件字母 I、Q、M、C、T 的含义。
4. 简述置位（S）和复位（R）指令的功能。
5. S7-200 PLC 定时器的分辨率（时基）有哪三种？定时值如何设置？
6. 简述 S7-200 PLC 计数器的种类和功能。
7. 设计一个带运行和停止指示灯的电动机"启—保—停"控制电路，写出 I/O 接口分配表，画出 PLC 硬件接线图和梯形图程序。
8. 设计一个用置位（S）和复位（R）指令来实现的电动机"正—停—反"控制电路，写出 I/O 接口分配表，画出 PLC 硬件接线图和梯形图程序。
9. 设计一个用 PLC 实现的工作台自动往复控制电路，写出 I/O 接口分配表，画出 PLC 硬件接线图和梯形图程序。
10. 设计一个两台电动机 PLC 顺序控制电路，要求电动机 M1 启动 5s 后，电动机 M2 自动启动，电动机 M2 启动 10s 后，电动机 M1 自动停止运转，电动机 M1 停止运转 5s 后，电动机 M2 自动停止运转，写出 I/O 接口分配表，画出 PLC 硬件接线图和梯形图程序。

参 考 文 献

[1] 赵承荻，王玺珍，袁媛.电机与电气控制技术[M].5版.北京：高等教育出版社，2019.

[2] 常淑英，吴春玉.机床电气控制与PLC[M].北京：高等教育出版社，2021.

[3] 王晓平，陈丽娟，宋阳.电机拖动与控制[M].北京：高等教育出版社，2021.

[4] 孙平，潘康俊.电气控制与PLC[M].4版.北京：高等教育出版社，2022.

[5] 黄媛媛.机床电气控制[M].北京：机械工业出版社，2019.

[6] 王浩.机床电气控制与PLC[M].2版.北京：机械工业出版社，2019.

[7] 黄建清.电气控制与可编程控制器应用技术[M].北京：机械工业出版社，2020.

[8] 田淑珍.电机与电气控制技术[M].3版.北京：机械工业出版社，2022.

[9] 何献忠.电气控制与PLC应用技术[M].2版.北京：化学工业出版社，2019.

[10] 李满亮，王旭元，牛海霞.电机与拖动[M].北京：化学工业出版社，2021.

[11] 周庆贵，赵秀芬，刘彬.电气控制技术[M].3版.北京：化学工业出版社，2022.

[12] 人才资源和社会保障部教材办公室.维修电工[M].2版.北京：中国劳动社会保障出版社，2016.